高等学校大学计算机课程系列教材

Web编程技术实践指导

微课版

郭玉洁　颜一鸣　廖柏林　编著

清华大学出版社
北京

内容简介

Web 编程作为信息技术领域不可或缺的一部分，正以前所未有的速度推动着互联网服务的创新与发展。本书致力于为读者提供一条从基础到进阶的 Web 开发学习路径，聚焦于使用 Spring Boot 构建高效后端服务与使用 Vue.js 开发前端界面这一黄金组合。全书共 8 章，第 1、2 章介绍 Spring Boot 和 MyBatis-Plus 框架，构建后端服务基础；第 3～5 章介绍前端基础知识（HTML、CSS 与 JavaScript）；第 6、7 章介绍前端进阶知识，内容涉及 Vue.js 前端框架和 Element Plus 组件库；第 8 章介绍前后端数据交互。每章还配备了丰富的实例代码、实践任务练习，鼓励读者通过动手实操深化理解。

本书可作为高等院校相关专业的"Web 编程技术"课程实践教材，也可供对构建 Web 应用感兴趣的编程爱好者和软件开发工程师阅读参考。

图书在版编目（CIP）数据

Web 编程技术实践指导：微课版/郭玉洁，颜一鸣，廖柏林编著. -- 北京：清华大学出版社，2024.12. --(高等学校大学计算机课程系列教材). -- ISBN 978-7-302-67815-1

Ⅰ. TP393.092

中国国家版本馆 CIP 数据核字第 2024XL5297 号

责任编辑：苏东方
封面设计：刘　键
责任校对：刘惠林
责任印制：刘海龙

出版发行：清华大学出版社
　　网　　址：https://www.tup.com.cn，https://www.wqxuetang.com
　　地　　址：北京清华大学学研大厦 A 座　　**邮　　编**：100084
　　社 总 机：010-83470000　　**邮　　购**：010-62786544
　　投稿与读者服务：010-62776969，c-service@tup.tsinghua.edu.cn
　　质量反馈：010-62772015，zhiliang@tup.tsinghua.edu.cn
　　课件下载：https://www.tup.com.cn，010-83470236
印 装 者：涿州汇美亿浓印刷有限公司
经　　销：全国新华书店
开　　本：185mm×260mm　　**印　　张**：9　　**字　　数**：216 千字
版　　次：2024 年 12 月第 1 版　　**印　　次**：2024 年 12 月第1 次印刷
定　　价：39.00 元

产品编号：102214-01

前　言

本书是面向中文读者的Web编程技术实践指南，旨在以简洁明了的方式，引领广大读者迈入Web开发的广阔天地，更专注于实践操作与应用理解。因此，它不仅适合大学二年级以上的理工科学生，也同样适用于具备一定计算机基础、对Web开发充满热忱的自学者。

全书共8章，第1、2章从Spring Boot入手，介绍这一高效后端开发框架的基础，以及如何通过MyBatis-Plus框架轻松处理数据库交互，为Web服务的后端搭建打下坚实基础。第3～5章转向前端，逐步讲解HTML、CSS与JavaScript这三大基石。第6、7章深入前端的进阶领域，通过Vue.js这一框架及其强大的Element Plus组件库，展现组件化开发与响应式设计的魅力。第8章综合前后端，深入探讨数据交互的实现，完成Web全栈开发的闭环。

本书各章内容相互独立，却又环环相扣，读者可以根据自己的兴趣与时间灵活安排学习顺序。对于深入学习者，全书内容将构成一个完整的Web开发技能体系。每章末尾均附有精心设计的实践任务，既可以练习和巩固知识点，也鼓励读者去探索和创新，旨在培养读者解决实际问题的能力。

在编写过程中，笔者意识到Web技术的日新月异，虽然力求覆盖Web开发的核心知识，但由于篇幅限制，许多高级话题与最新技术仅能浅尝辄止。期待读者在掌握了本书内容后，能够以此为跳板，继续在Web开发的深海中探索前行。

笔者深知Web技术领域的博大精深，本书难免存在疏漏或不足之处，恳请各位读者不吝赐教，共同促进知识的完善与进步。愿本书能成为您Web开发之旅的得力伙伴，伴随您在技术的海洋中乘风破浪，不断前行。

郭玉洁

2024年11月

目　　录

第 1 章　Spring Boot 入门实践 …… 1

1.1　知识简介 …… 1

1.1.1　Spring Boot 概述 …… 1

1.1.2　Spring Boot 的特征 …… 1

1.2　实践目的 …… 3

1.3　实践范例 …… 3

1.3.1　创建第一个 Spring Boot 项目 …… 3

1.3.2　配置项目构建和依赖项 …… 6

1.3.3　编写第一个 Controller …… 8

1.3.4　启动和测试 Spring Boot 应用 …… 8

1.4　注意事项 …… 9

1.5　实践任务 …… 10

第 2 章　基于 Spring Boot 项目的 MyBatis-Plus 集成实践 …… 11

2.1　知识简介 …… 11

2.1.1　MyBatis-Plus 概述 …… 11

2.1.2　Postman 工具概述 …… 12

2.2　实践目的 …… 12

2.3　实践范例 …… 12

2.3.1　配置项目依赖项 …… 12

2.3.2　配置数据库连接 …… 14

2.3.3　创建数据表 …… 15

2.3.4　创建实体类 …… 16

2.3.5　添加表和字段映射注解 …… 16

2.3.6　创建 Mapper 接口 …… 17

2.3.7　配置 Mapper 接口扫描 …… 18

2.3.8　创建控制器实现数据表的 CRUD …… 19

2.4　注意事项 …… 27

2.5　实践任务 …… 28

第 3 章 HTML 技术实践 …… **29**
3.1 知识简介 …… 29
3.1.1 HTML 简介 …… 29
3.1.2 HTML 常用标签 …… 29
3.2 实践目的 …… 31
3.3 实践范例 …… 31
3.3.1 构建网页头部结构 …… 31
3.3.2 构建网页的导航栏 …… 32
3.3.3 构建会议介绍模块 …… 33
3.3.4 构建嘉宾阵容模块 …… 33
3.3.5 构建议程展示模块 …… 35
3.3.6 构建在线报名表单 …… 36
3.3.7 构建互动问答模块 …… 38
3.3.8 构建网页底部模块 …… 39
3.4 注意事项 …… 41
3.5 实践任务 …… 41

第 4 章 CSS 技术实践 …… **43**
4.1 知识简介 …… 43
4.1.1 CSS 概述 …… 43
4.1.2 CSS 选择器 …… 44
4.1.3 CSS Grid 布局 …… 44
4.2 实践目的 …… 45
4.3 实践范例 …… 45
4.3.1 构建 HTML 网页结构 …… 45
4.3.2 开启 Grid 布局触发器 …… 46
4.3.3 设置行列 …… 46
4.3.4 设置网格间距 …… 47
4.3.5 定义区域 …… 47
4.3.6 网站首页布局效果展示 …… 48
4.4 注意事项 …… 50
4.5 实践任务 …… 50

第 5 章 JavaScript 技术实践 …… **51**
5.1 知识简介 …… 51
5.1.1 JavaScript 概述 …… 51
5.1.2 HTML DOM 操作 …… 51
5.2 实践目的 …… 52

5.3 实践范例 …… 52
5.3.1 界面设计与布局 …… 53
5.3.2 表单提交事件 …… 56
5.3.3 实现表单录入验证 …… 57
5.3.4 实现信息录入功能 …… 57
5.3.5 实现数据显示功能 …… 58
5.3.6 实现删除功能 …… 59
5.4 注意事项 …… 61
5.5 实践任务 …… 61

第 6 章 Vue.js 入门实践 …… 62
6.1 知识简介 …… 62
6.1.1 Vue.js 概述 …… 62
6.1.2 Vue 路由管理器 …… 62
6.2 实践目的 …… 63
6.3 实践范例 …… 63
6.3.1 安装 Node.js …… 63
6.3.2 构建 Vue 项目 …… 67
6.3.3 修改 Vue 应用程序 …… 69
6.3.4 新建 Vue 组件 …… 72
6.3.5 配置 Vue 路由 …… 75
6.4 注意事项 …… 77
6.5 实践任务 …… 77

第 7 章 Vue.js 整合 Element Plus 集成实践 …… 78
7.1 知识简介 …… 78
7.1.1 Element Plus 概述 …… 78
7.1.2 嵌套路由 …… 78
7.2 实践目的 …… 79
7.3 实践范例 …… 79
7.3.1 引入 Element Plus …… 80
7.3.2 构建后台管理页面整体布局 …… 81
7.3.3 实现导航栏 …… 83
7.3.4 实现侧边菜单栏 …… 85
7.3.5 菜单项与路由绑定 …… 87
7.3.6 实现页面主体部分 …… 89
7.3.7 实现网页底部 …… 91
7.4 注意事项 …… 92

7.5 实践任务 …… 92

第 8 章 前后端交互实践 …… 93

8.1 知识简介 …… 93

8.1.1 前后端交互流程 …… 93

8.1.2 Axios 概述 …… 93

8.2 实践目的 …… 94

8.3 实践范例 …… 94

8.3.1 Vue 3 中安装 Axios …… 94

8.3.2 数据分页显示 …… 94

8.3.3 数据按字段排序 …… 98

8.3.4 实现数据模糊查询 …… 100

8.3.5 实现用户信息的添加 …… 101

8.3.6 实现用户信息的修改 …… 106

8.3.7 实现用户信息的单条删除 …… 107

8.3.8 实现用户信息的多条删除 …… 109

8.4 注意事项 …… 111

8.5 实践任务 …… 111

第 9 章 集成 ECharts 图表实践 …… 113

9.1 知识简介 …… 113

9.1.1 ECharts 概述 …… 113

9.1.2 ECharts 的基本特性 …… 114

9.2 实践目的 …… 115

9.3 实践范例 …… 115

9.3.1 环境准备 …… 115

9.3.2 ECharts 基础概念 …… 117

9.3.3 创建基本图表 …… 119

9.3.4 图表数据动态更新 …… 122

9.3.5 实现图表的动态选择 …… 130

9.4 注意事项 …… 134

9.5 实践任务 …… 134

参考文献 …… 136

第 1 章　Spring Boot 入门实践

1.1　知 识 简 介

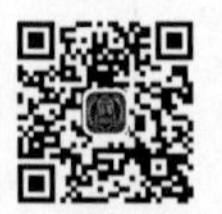

视频讲解

1.1.1　Spring Boot 概述

Spring Boot 是由 Pivotal 团队提供的一套开源框架，它基于 Spring 框架，用于简化 Java 应用程序的开发和部署。Spring Boot 通过提供一个默认的配置和约定大于配置的原则，使得开发者可以更轻松地构建独立的、可运行的、生产级别的 Spring 应用程序。

想要了解更多关于 Spring Boot 的特性、文档、示例代码和最新版本的信息，以及与 Spring Boot 团队互动和获取支持，可以直接访问 Spring Boot 官方网站，网站运行界面如图 1-1 所示。

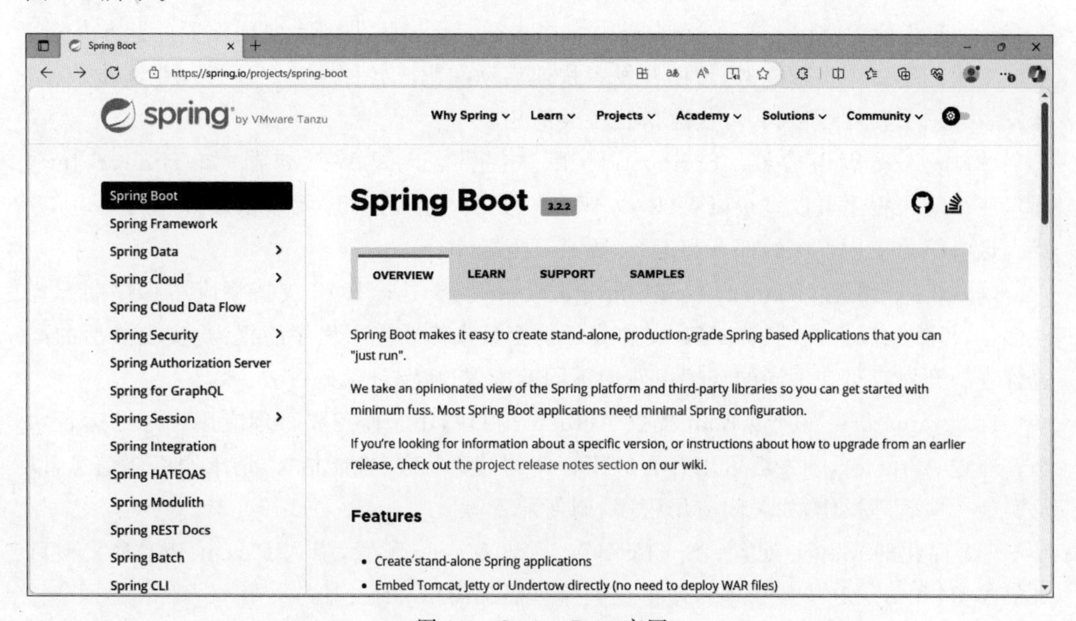

图 1-1　Spring Boot 官网

Spring Boot 也有中文 API 文档网址，网站运行界面如图 1-2 所示。

1.1.2　Spring Boot 的特征

Spring Boot 旨在简化和加速 Spring 应用程序的开发过程，具有许多特征和优势，具体特征如下。

（1）自动配置（Auto-Configuration）。Spring Boot 采用自动配置的方式，根据项目的依赖和条件，自动配置应用程序所需的 bean 和组件。这将减少开发者的配置工作，使得应用程序的启动和部署变得更加简单与快捷。

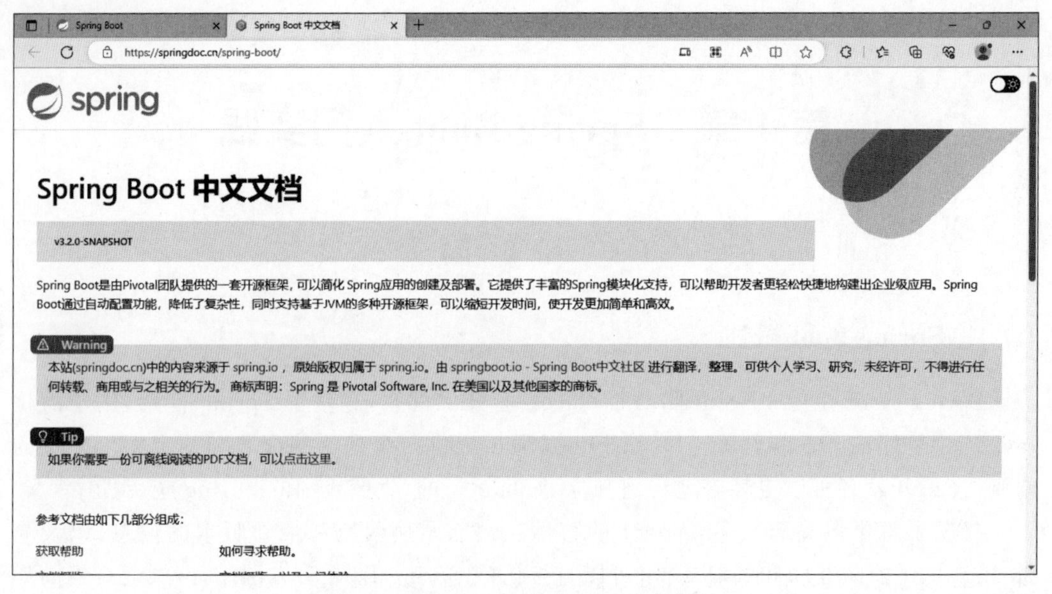

图 1-2　Spring Boot 中文 API 文档网站

（2）起步依赖（Starter Dependencies）。、Spring Boot 提供一系列预配置的起步依赖，集成常用的第三方库和框架，帮助开发者快速启动和集成各种功能。通过使用起步依赖，开发者无须手动管理依赖，可快速搭建各类应用。

（3）嵌入式 Web 容器。Spring Boot 默认提供嵌入式 Web 容器（如 Tomcat、Jetty 等），使得应用程序可以直接以 JAR 或 WAR 的文件形式运行，无须依赖外部 Web 服务器。这将简化应用程序的部署和运行，提高开发效率。

（4）外部化配置（Externalized Configuration）。Spring Boot 支持将应用程序的配置外部化，可使用属性文件、YAML 文件或环境变量来修改应用程序的行为，实现灵活的配置管理。开发者可在不同的环境中使用不同的配置，避免硬编码配置。

（5）Actuator。Spring Boot 提供 Actuator 模块，用于监控和管理应用程序的运行状态。通过 Actuator，开发者可以查看应用程序的健康状态、性能指标、请求跟踪等信息，以及实施一些管理操作，如关闭应用程序、刷新配置等。

（6）简化的 Maven 配置。Spring Boot 简化 Maven 配置，引入 Parent POM（父项目对象模型）和 BOM（依赖管理），使得依赖管理更加简单和统一。

（7）无须 XML 配置。Spring Boot 不需要烦琐的 XML 配置，大部分配置可以使用注解、属性文件或者 Java 代码实现，减少配置的复杂性。

（8）快速开发。Spring Boot 的自动配置和起步依赖等特性大大简化了应用程序的开发过程，帮助开发者快速构建功能完备的应用程序。

（9）丰富的插件生态系统。Spring Boot 拥有一个庞大的插件生态系统，提供了丰富的可扩展功能，开发者可以根据项目需求选择合适的插件来扩展应用程序功能。

（10）与 Spring 生态系统无缝集成。Spring Boot 可以与 Spring 生态系统无缝集成，能方便地使用其他 Spring 项目的特性和功能，如 Spring Security、Spring Data 等。

总体而言，Spring Boot 的特征使得开发者能够更轻松、高效地构建独立、可靠的

Spring 应用程序，同时充分发挥 Spring Framework 的优势。它的出现极大地提高了 Java 开发的效率和便捷性，成为现代 Java 应用程序开发的首选框架之一。

1.2 实践目的

通过该实践，掌握 Spring Boot 项目快速搭建技巧，理解项目架构，通过动手实践配置与编码，深化对 Spring Boot 自动配置和依赖的理解，培养快速迭代开发能力和解决实际问题的方法论，为高效构建高质量 Web 后端服务应用打下坚实基础。

1.3 实践范例

本节将利用 IntelliJ IDEA 集成开发环境及 Spring Initializr 工具，从零开始创建一个 Spring Boot 项目。首先，选择适当的项目依赖，完成初步配置。然后编写一个简单的 Controller 类来验证应用的基本功能。最后，在 IDEA 中启动这个 Spring Boot 应用，确保一切配置无误且基础功能正常运行。此过程旨在通过实战演练，让学习者直观感受 Spring Boot 的便捷性，同时在实践中领会微服务架构的灵活性与模块化思想。下面是详细的实践步骤。

1.3.1 创建第一个 Spring Boot 项目

使用 Spring Initializr 模块，在"新建新模块"窗口左侧选择"Spring Initializr"，在右侧输入模块的信息，包括名称、位置、Java 版本、打包方式等，如图 1-3 所示。注意：本书使用的 IntelliJ IDEA 版本为 2023.2.1(Ultimate Edition)，并安装了 Chinese (Simplified) Language Pack/中文语言包插件。

在图 1-3 中，输入或选择项的含义如下所示。

(1) 服务器 URL(Server URL)：指定 Spring Initializr 服务的 URL，用于获取项目模板和生成项目骨架，默认是 start.spring.io。

(2) 名称(Name)：设置新模块的名称，本实例为"chapter01"。

(3) 位置(Location)：指定新模块的位置或目录路径，即项目的根目录。

(4) 语言(Language)：选择用于编写模块代码的编程语言，包括 Java、Kotlin、Groovy，本实例选择 Java。

(5) 类型(Type)：指定构建工具类型，包括 Gradle(使用 Groovy 或 Kotlin)和 Maven，本实例选择 Maven。

(6) 组(Group)：设置项目的组织或公司的标识符，本实例设置为 jsu.yym。

(7) 工件(Artifact)：设置模块的构建产物或输出物，通常是生成的 JAR 文件的名称。

(8) 软件包名称(Package Name)：指定模块的 Java 包名，通常是代码文件的命名空间，这里是 jsu.yym.chapter01。

(9) JDK：选择项目使用的 Java 开发工具包(JDK)版本，这里是 Java 19。注意，最新

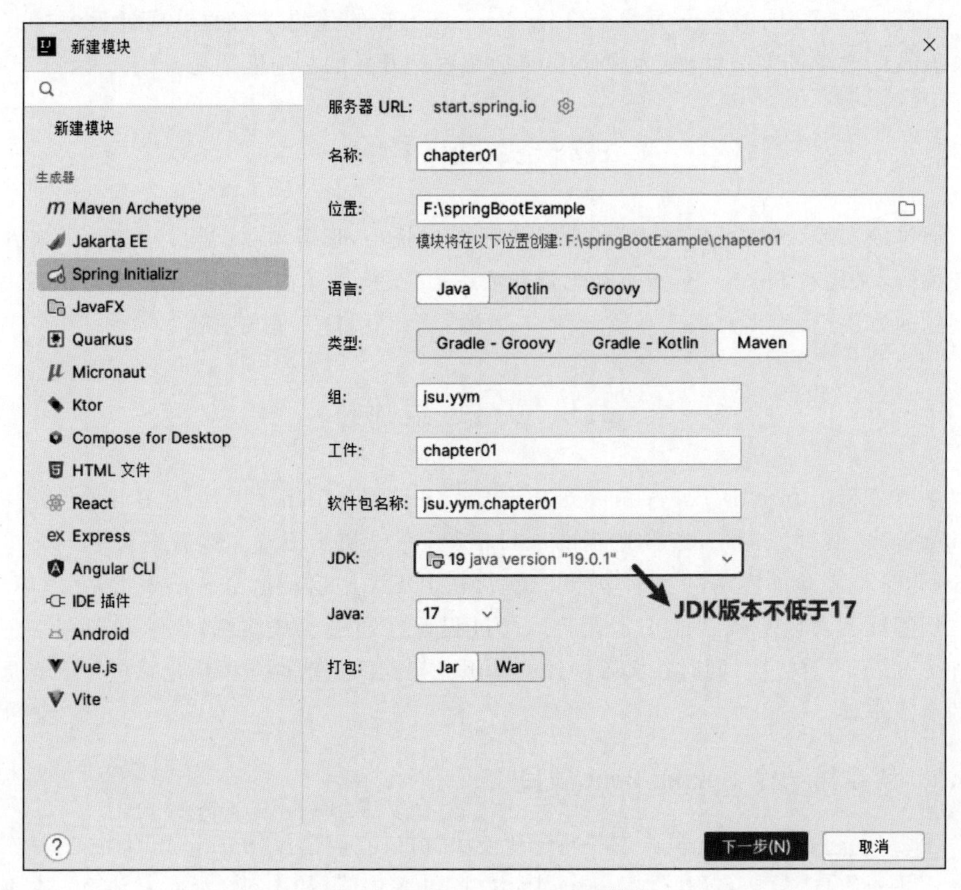

图 1-3　新建 Spring Initializr 模块

的 Spring Boot 要求 JDK 版本不低于 17。

(10) Java：选择 Java 版本，通常与 JDK 版本相匹配。

(11) 打包(Packaging)：指定构建输出的方式，包括 Jar 和 War，在这里选择 Jar。

配置完模块信息后，单击“下一步”，然后选择 Spring Boot 的版本和依赖项，如图 1-4 所示。

以下是一些常用的可选依赖项。

(1) Spring Boot DevTools：这个依赖项提供很多有用的工具，如自动重启应用程序、热交换代码、配置文件热加载等，可以帮助用户快速调试和开发应用程序。

(2) Lombok：通过注解消除 Java 代码的样板代码，简化代码。

(3) Spring Web：用于创建 Web 应用程序和 RESTful API 的库。

(4) Spring Data JPA：用于访问关系型数据库的库。

(5) Spring Security：用于添加安全性和身份验证功能的库。

(6) Thymeleaf：用于模板引擎的库，在 Web 应用程序中渲染 HTML。

(7) Spring Batch：用于处理大规模批处理任务的库。

(8) Spring Cloud Config：用于在分布式系统中管理配置的库。

(9) Spring CloudNetflix：用于在分布式系统中构建微服务的库。

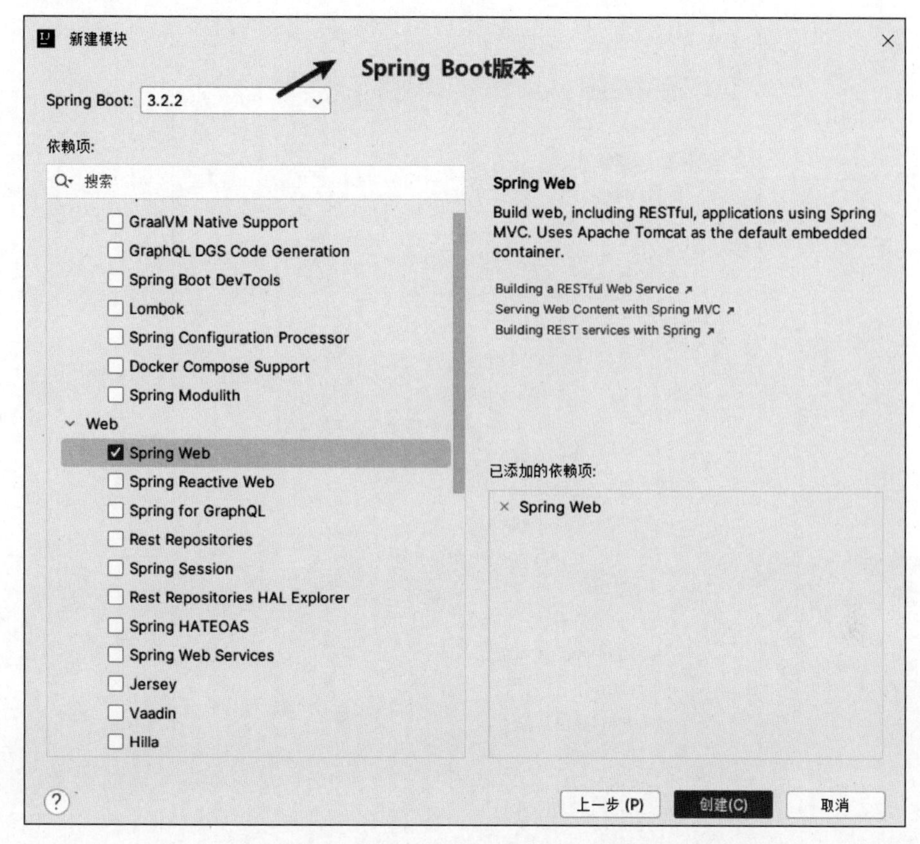

图 1-4　选择 Spring Boot 版本和依赖项

这些依赖项都是可选的,用户可以根据项目需求和技术堆栈选择适当的依赖项。如果创建时未选择依赖项,可以后续手动添加。这里选择添加 Spring Web 依赖项,单击"创建"完成模块的添加。Spring Boot 模块添加成功后,项目结构如图 1-5 所示。

第一个 Spring Boot 项目创建成功后,项目结构主要包括项目根目录(F:\springBootExample)和 Spring Boot 模块目录(F:\springBootExample\chapter01)。在这两个主要目录下,可以进一步了解项目的组成。

(1) 项目根目录:用于存放项目的主要信息和配置文件。springBootExample.iml 文件是 IDEA 项目文件,.idea 文件夹包含 IDEA 中项目的配置信息,确保项目在 IDE 中的正确加载和运行。

(2) Spring Boot 模块目录:新增的 Spring Boot 模块,负责承载项目的核心代码和配置。src 目录包含主要的源代码和资源文件,具体如下。

① src/main/java:主要的 Java 源代码存放位置。

② src/main/java/jsu/yym/chapter01:应用程序的主要包。

③ src/main/java/jsu/yym/chapter01/Chapter01Application.java:Spring Boot 项目的启动类,一般命名为项目名称 Application,名称可以修改。

④ src/main/resources:项目的配置文件和其他资源。

⑤ src/main/resources/static:存放应用程序的静态资源文件,如 HTML、CSS 和

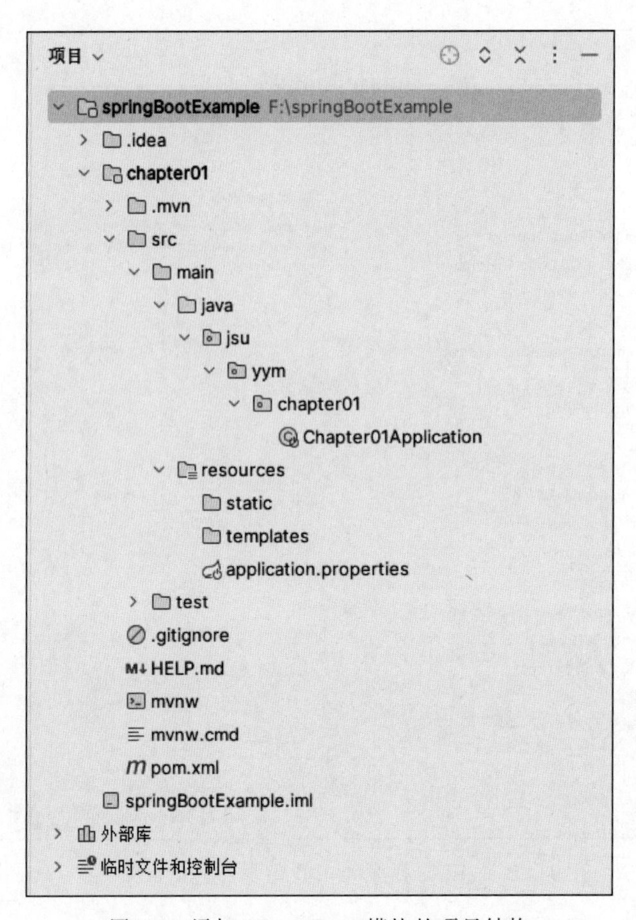

图 1-5 添加 Spring Boot 模块的项目结构

JavaScript 文件。如果采用前后端分离开发,可不使用此目录。

⑥ src/main/resources/templates:存放应用程序的动态页面,例如,采用 Thymeleaf 生成的动态页面。

⑦ src/main/resources /application.properties: Spring Boot 的配置文件。

⑧ src/test/java: 包含测试用例代码。

⑨ pom.xml: Maven 配置文件。

⑩ .gitignore: Git 版本控制配置文件,指定不提交到版本库的文件或目录。

1.3.2 配置项目构建和依赖项

创建 Spring Boot 项目后,用户还需要配置构建和依赖管理。这可通过 pom.xml 文件完成,它是 Maven 项目的核心配置文件,定义了项目的基本信息、依赖项、插件等。下面讲解上述创建的 Spring Boot 项目自动生成的 pom.xml 文件的各部分。

1. 项目基本信息和配置

```
<?xml version="1.0" encoding="UTF-8"?>
<project xmlns="http://maven.apache.org/POM/4.0.0" xmlns:xsi="http://www.w3.
org/2001/XMLSchema-instance" xsi:schemaLocation="http://maven.apache.org/
```

```
POM/4.0.0 https://maven.apache.org/xsd/maven-4.0.0.xsd">
  <modelVersion>4.0.0</modelVersion>
  <parent>
    <groupId>org.springframework.boot</groupId>
    <artifactId>spring-boot-starter-parent</artifactId>
    <version>3.2.2</version>
    <relativePath/> <!--lookup parent from repository-->
  </parent>
  <groupId>jsu.yym</groupId>
  <artifactId>chapter01</artifactId>
  <version>0.0.1-SNAPSHOT</version>
  <name>chapter01</name>
  <description>chapter01</description>
  <properties>
    <java.version>17</java.version>
  </properties>
</project>
```

(1) 项目基本信息：包括 groupId、artifactId、version 等，用于唯一标识项目。

(2) parent 元素：引用 Spring Boot 的父 POM，指定 Spring Boot 版本，该版本信息会被子模块继承，在子模块中不再额外指定，从而保持项目配置的一致性和简洁性。

(3) properties 元素：定义项目中使用的属性，这里指定 Java 版本。

2. 项目依赖

```
<dependencies>
  <dependency>
    <groupId>org.springframework.boot</groupId>
    <artifactId>spring-boot-starter-web</artifactId>
  </dependency>
  <dependency>
    <groupId>org.springframework.boot</groupId>
    <artifactId>spring-boot-starter-test</artifactId>
    <scope>test</scope>
  </dependency>
</dependencies>
```

(1) dependencies 元素：定义项目依赖关系。

(2) spring-boot-starter-web：引入 Spring Boot 的 Web 模块，用于构建 Web 应用程序。

(3) spring-boot-starter-test：引入 Spring Boot 的测试模块，用于编写测试代码。

3. 构建插件

```
<build>
  <plugins>
    <plugin>
```

```
        <groupId>org.springframework.boot</groupId>
        <artifactId>spring-boot-maven-plugin</artifactId>
      </plugin>
    </plugins>
  </build>
```

(1) build 元素：定义项目构建配置。

(2) plugins 元素：插件配置，指定使用的构建插件。

(3) spring-boot-maven-plugin：引入 Spring Boot 的 Maven 插件，用于构建可执行的 JAR 文件。

1.3.3 编写第一个 Controller

创建完第一个 Spring Boot 项目后，接下来将编写一个简单的 Controller 类，用来展示如何处理 HTTP 请求。在 Spring 中，Controller 类负责接收请求并返回相应的响应。每个 Controller 类中的方法可被看作一个 API 端点，它定义如何接收和处理特定的 HTTP 请求。下面是具体实现步骤。

(1) 定位到项目结构中的 src/main/java/jsu/yym/chapter01 目录，在该目录下创建名为 controller 的包(如果已存在可以跳过此步)，然后在该包中新建名为 HelloController.java 的 Java 类。

(2) 在 HelloController.java 中，编写以下代码。

```
01    package jsu.yym.chapter01.controller;
02    import org.springframework.web.bind.annotation.RequestMapping;
03    import org.springframework.web.bind.annotation.RestController;
04    @RestController
05    public class HelloController {
06      @RequestMapping("/hello")
07      public StringsayHello(){
08        return "第一个 Spring Boot 程序!";
09      }
10    }
```

下面详细介绍每行代码的具体作用。

行 1：指定类所在的 Java 包。

行 2～3：利用 import 语句引入两个 Spring 框架的注解——@RequestMapping 和@RestController。

行 4：@RestController 注解，表示类是一个 RESTful 风格的控制器。

行 6：@RequestMapping("/hello")注解，指定这个方法处理 HTTP 请求的路径。

行 7～9：一个处理 HTTP 请求的方法。在本实例中，当收到"/hello"的 GET 请求时，该方法返回字符串“第一个 Spring Boot 程序!”。

1.3.4 启动和测试 Spring Boot 应用

打开 Spring Boot 应用自动生成的启动类 Chapter01Application.java，核心代码如下

所示。

```
01    //标注当前类为 Spring Boot 应用程序的主类
02    @SpringBootApplication
03    public class Chapter01Application {
04        public static voidmain(String[] args) {
05        //启动 Spring Boot 应用程序,加载配置并启动嵌入式的 Web 服务器
06            SpringApplication.run(Chapter01Application.class,args);
07        }
08    }
```

运行上述启动类,即可启动 Spring Boot 应用,启动界面如图 1-6 所示。

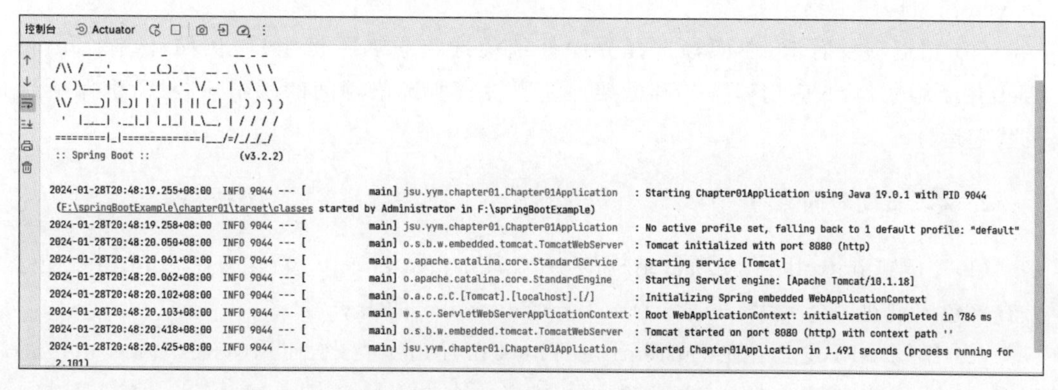

图 1-6　Spring Boot 应用启动界面

接着在浏览器输入网址 http://localhost:8080/hello,测试控制器(HelloController.java)中设置的 HTTP 请求路径,运行结果如图 1-7 所示。

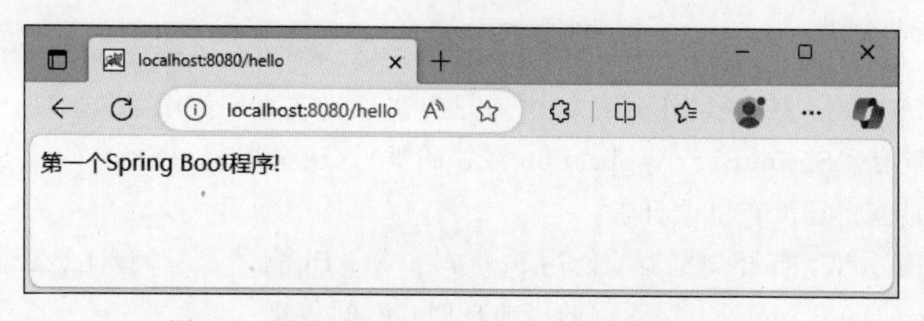

图 1-7　测试 HelloController 的 HTTP 请求路径

1.4　注意事项

(1) 在使用 IntelliJ IDEA 及 Spring Initializr 创建 Spring Boot 项目时,需要特别关注依赖的选择。用户需确保所添加的依赖(如 Spring Web)与 Spring Boot 版本兼容,避免因版本不匹配导致的编译或运行错误。同时,提倡依赖的精简化,建议仅纳入满足项目基本功能所需的最少依赖集合,以减少潜在的性能开销和安全漏洞风险。

(2) 在编写 Controller 类以实现应用的基础功能时,必须遵循 RESTful 设计原则,包括恰当地使用 HTTP 方法来增、删、改、查操作,设计清晰、有意义的 URL 结构,并且合理

地处理请求与响应参数，确保API接口既易于理解和使用，也便于未来维护和扩展。正确应用Spring MVC的注解来实现这些原则，是保证API设计质量的关键。

1.5 实践任务

1. 初始化Spring Boot项目

(1) 通过IntelliJ IDEA集成开发环境，利用Spring Initializr向导快速生成一个新的Spring Boot项目。在此过程中，选择合适的Spring Boot版本作为项目基础，并配置Maven作为构建工具。

(2) 根据项目需求，在依赖选择界面仔细挑选并添加关键组件，例如，选择Spring Web用于构建Web应用程序基础框架。注意检查所选依赖间的版本兼容性，确保项目的稳定运行。

2. 实现日期时间API

(1) 创建Controller：在项目结构的src/main/java目录下，新建一个controller包，并在该包内创建一个名为CurrentDateTimeController的Java类。

(2) 编写API逻辑：在CurrentDateTimeController类中，使用@RestController注解标示这是一个RESTful风格的控制器。定义一个方法getCurrentDateTime()，通过@GetMapping注解将其映射为HTTP GET请求的处理方法。该方法应返回当前日期和时间的字符串表示。

3. 运行与测试

(1) 启动应用：在IntelliJ IDEA中，右键单击项目或直接使用菜单选项，选择运行主类(通常是带有@SpringBootApplication注解的类)。观察控制台输出，确认Spring Boot应用已成功启动，且没有错误日志。

(2) API测试：打开浏览器或使用Postman等API测试工具，验证是否能成功接收由getCurrentDateTime()方法返回的当前日期和时间信息。

第2章　基于Spring Boot项目的MyBatis-Plus集成实践

2.1　知识简介

2.1.1　MyBatis-Plus概述

视频讲解

MyBatis-Plus是一个ORM(对象关系映射)框架,主要用于在数据库表和对象之间进行映射,简化开发者对数据库的操作,使得开发者能够更加高效、快速地进行数据库操作。特别是在结合Spring Boot框架使用时,其优势得以淋漓尽致地展现,为开发者铺就一条高效编码之路。下面是MyBatis-Plus的一些核心特性和功能。

(1) 简化的CRUD操作:MyBatis-Plus通过提供通用的BaseMapper接口和内置的方法,极大地简化了数据访问层(DAO)的开发,使得基本的增、删、改、查操作变得非常简单和直观。

(2) 强大的查询构造器:MyBatis-Plus提供了灵活且强大的查询构造器,可以通过链式调用的方式,动态构建复杂的查询条件,包括等值查询、模糊查询、范围查询、排序、分组等,无须手写SQL语句,减少了开发工作量。

(3) 自动代码生成:MyBatis-Plus内置了代码生成器,可以根据数据库表结构自动生成实体类、Mapper接口、Service接口以及相关的XML映射文件,极大地提升了开发效率。

(4) 分页支持:MyBatis-Plus提供了方便的分页查询功能,可以轻松地进行分页查询并获取分页结果,简化了数据处理工作。

(5) 逻辑删除:MyBatis-Plus支持逻辑删除功能,通过配置和注解,可以实现数据的逻辑删除而不是物理删除,提高了数据的安全性和可追溯性。

(6) 自动填充:MyBatis-Plus提供了自动填充功能,可以自动填充实体类中的某些字段,如创建时间、更新时间等,减少了重复的代码编写。

除了以上功能,MyBatis-Plus还提供了许多其他实用的特性和工具,如缓存支持、分页插件、性能分析、动态表名、全局配置、自定义SQL注入器等,可以根据实际需求进行灵活配置和使用。

总体而言,MyBatis-Plus旨在提供更便捷、高效的开发方式,减少开发人员在数据访问层的重复劳动,使得持久层开发更加简单和快速。它通过简化CRUD操作,提供强大的查询构造器、自动代码生成等功能,大幅度减少了编写重复代码和SQL语句的工作量。

MyBatis-Plus的官方网站提供的官方文档详细介绍了其各项功能的使用方法和示例,提供了丰富的参考资料,方便开发人员快速上手和深入学习。

2.1.2 Postman 工具概述

Postman 是一款全面且易用的 API 开发与测试解决方案，它极大地简化了从设计、测试到文档化和监控 API 的全过程。对于独立开发者、测试工程师以及大型团队的项目管理者等，Postman 都以其丰富的功能集和高度的灵活性成为不可或缺的工具。下面是 Postman 的一些核心特性和功能。

(1) 全方位请求支持：支持所有主流 HTTP 方法，包括 GET、POST、PUT、DELETE 等，能够处理各种类型的数据格式(JSON、XML、表单数据等)，并且能上传和下载文件，满足多样化的 API 测试需求。

(2) 自动化测试与工作流：内置的脚本编辑器支持 JavaScript 编写测试逻辑，自动化测试用例，可集成到 CI/CD 管道，实现持续集成和持续部署的无缝对接。

(3) 团队协作功能：通过云同步，团队成员可以共享集合、环境配置和测试结果，促进高效沟通与合作。同时，角色权限管理确保了安全性。

(4) API 文档自动生成：Postman 能够根据定义的 API 请求自动生成详细的文档，支持 Markdown 格式，方便导出和分享，降低了文档维护的工作量。

(5) 性能与安全测试：提供工具进行压力测试，评估 API 在高并发情况下的表现，同时支持 SSL 检验、API 安全扫描等功能，确保 API 的安全性。

2.2 实践目的

通过该实践，掌握 Spring Boot 项目中 MyBatis-Plus 框架的无缝集成技巧，包括配置与依赖管理，学会运用 MyBatis-Plus 的特性来高效地构建数据访问层，快速实现 CRUD 操作。增强实战能力，提升开发效率和代码质量。

2.3 实践范例

本节在第 1 章构建的 Spring Boot 项目的基础上，步入 MyBatis-Plus 集成之旅，不仅要在项目中融入 MyBatis-Plus 的强大功能，还要确保它与数据库无缝对接，最终实现对用户信息管理模块的全面创建、读取、更新和删除操作(CRUD)。此过程旨在加深读者对 Spring Boot 生态系统与 MyBatis-Plus 集成的理解。接下来，本节将从添加依赖、配置数据库，到实现数据访问逻辑，全方位打造一个高效、稳定的后端服务，下面是详细的实践步骤。

2.3.1 配置项目依赖项

(1) 在项目的构建配置文件(如 pom.xml)中添加 MyBatis-Plus 的依赖，代码如下所示。

```
<dependency>
    <groupId>com.baomidou</groupId>
```

```
    <artifactId>mybatis-plus-boot-starter</artifactId>
<version>3.5.3</version>
</dependency>
```

确保将最新版本替换为实际可用的 MyBatis-Plus 版本号(本书使用 3.5.3 版本),可在 MyBatis-Plus 官网或 Maven 中央仓库找到最新版本。

(2) 在集成 MyBatis-Plus 框架后,需要添加 MySQL 数据库驱动和数据库连接池依赖,代码如下所示。

```
<!-- 在 pom.xml 中添加以下依赖 -->
<dependency>
    <groupId>mysql</groupId>
    <artifactId>mysql-connector-java</artifactId>
    <version>8.0.26</version>
</dependency>
```

确保将 8.0.26 替换为项目所使用的 MySQL 版本。这个依赖项将提供与 MySQL 数据库进行通信所需的驱动程序。在 IDEA 中可通过连接 MySQL 查看所用版本,如图 2-1 所示。

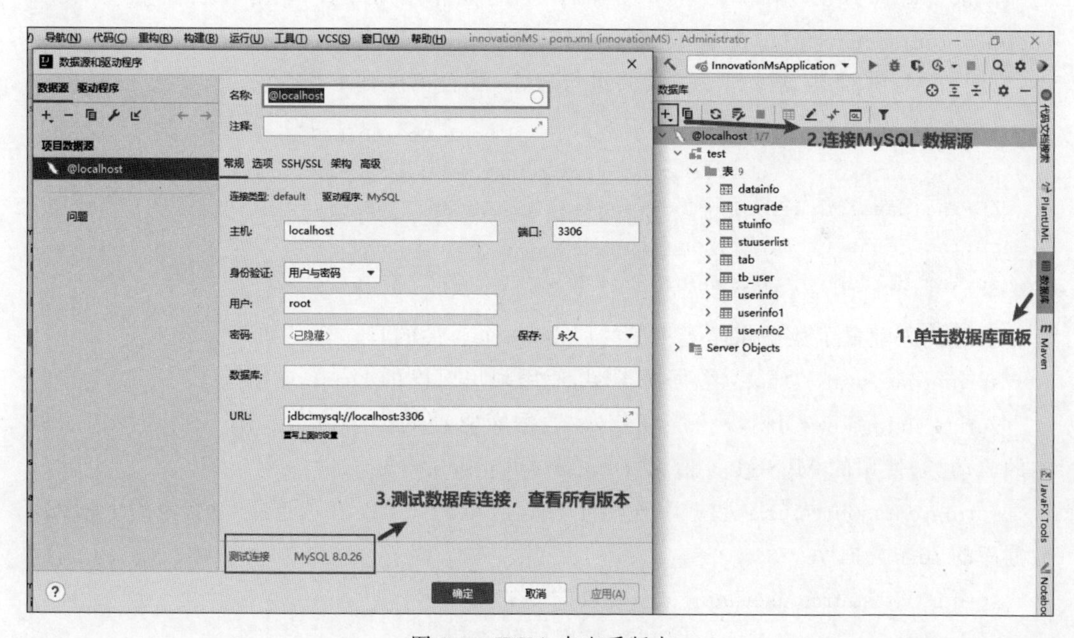

图 2-1　IDEA 中查看版本

(3) 在项目的构建配置文件中添加阿里巴巴开源的 Druid 数据库连接池依赖,代码如下所示。

```
<!-- 在 pom.xml 中添加以下依赖 -->
<dependency>
    <groupId>com.alibaba</groupId>
    <artifactId>druid-spring-boot-starter</artifactId>
    <version>1.2.18</version>
</dependency>
```

阿里巴巴开源的Druid数据库连接池是一个功能强大的连接池，具有监控、统计等丰富的功能，并且可以与Spring Boot无缝集成。

(4) 如果要在项目中使用Lombok，需要添加Lombok的依赖，读者可以在Lombok的官网上找到有关Lombok的详细信息，包括文档、示例、下载和使用指南等。在pom.xml文件中添加依赖配置，代码如下所示。

```
<dependency>
    <groupId>org.projectlombok</groupId>
    <artifactId>lombok</artifactId>
    <version>1.18.26</version>
    <scope>provided</scope>
</dependency>
```

添加这四个依赖后，Maven将会自动下载对应的库文件，并将其添加到项目的依赖中。

2.3.2 配置数据库连接

添加MySQL数据库驱动和数据库连接池依赖后，接着在项目的配置文件(application.properties)中配置数据库连接，文件一般存放在src/main/resources目录下，以便与MySQL数据库建立连接并进行操作，配置信息如下所示。

```
spring.datasource.type=com.alibaba.druid.pool.DruidDataSource
spring.datasource.driver-class-name=com.mysql.cj.jdbc.Driver
spring.datasource.url=jdbc:mysql://localhost:3306/test
spring.datasource.username=root
spring.datasource.password=123456
```

上述代码配置了数据库连接相关的属性，每个属性的具体含义如下所示。

spring.datasource.type：数据源类型，使用阿里巴巴的Druid连接池。

spring.datasource.driver-class-name：数据库驱动的类名，使用MySQL 8及以上版本的驱动类，使用的MySQL 5值为"com.mysql.jdbc.Driver"。

spring.datasource.url：数据库连接URL，这里的URL表示连接到本地的MySQL数据库的test数据库。

spring.datasource.username：连接数据库的用户名。

spring.datasource.password：连接数据库的密码。

如果连接数据库出现中文乱码或时区问题，可使用数据的连接URL，如下所示。

```
spring.datasource.url=jdbc:mysql://localhost:3306/test?useSSL=false&server_
Timezone=UTC&useUnicode=true&characterEncoding=utf8
```

URL末尾添加的参数可以影响数据库连接的行为和性能，具体含义解释如下。

useSSL=false：禁用SSL加密连接。

serverTimezone=UTC：设置服务器时区，确保跨时区的时间处理正确。

useUnicode=true：启用Unicode支持，确保数据库连接能够正确处理Unicode字符和文本。

characterEncoding＝utf8：指定字符编码为 UTF-8，确保数据库能够正确处理和存储中文字符。

2.3.3 创建数据表

在使用 MyBatis-Plus 框架时，实体类是与数据库表相对应的 Java 对象。实体类的属性对应于数据库表的字段，通过实体类可以进行数据库表的增、删、改、查操作。创建数据表的步骤如下所示。

(1) 在 MySQL 数据库中创建一个用于存储用户信息的数据表，字段包括用户的唯一标识符、姓名、性别和出生日期，SQL 语句如下所示。

```
CREATE TABLE `user`(
    `id`     INT(11)        NOT NULL AUTO_INCREMENT,
    `name`   VARCHAR(100) NULL,
    `gender` VARCHAR(10)   NULL,
    `birth`  DATE           NULL,
    PRIMARY KEY (`id`)
) ENGINE = InnoDB DEFAULT CHARSET = utf8mb4;
```

其中，不同属性的具体含义解释如下所示。

id：整型，长度为 11，非空，自增长，主键，用于唯一标识每个用户。

name：字符串类型，最大长度为 100，可为空，存储用户姓名。

gender：字符串类型，最大长度为 10，可为空，存储用户性别。

birth：日期类型，可为空，存储用户出生日期。

(2) 向 user 表中插入随机生成的用户数据，SQL 语句如下所示。

```
SET @surnames = '王李张刘陈杨赵黄周吴徐孙胡朱高林何';
SET @names = '伟强磊涛华斌杰飞刚军勇毅俊峰强琪瑶婷涵嘉颖晓楠洁怡钰佳璐晗露雪瑶昕瑜芸雯欣婷萱静欢文婷慧玲晶菲雅娜蓓明健鹏雷龙义文彬晨';
INSERT INTO `user` (`name`, `gender`, `birth`)
WITH RECURSIVE cte AS (
    SELECT 1 AS num
    UNION ALL
    SELECT num + 1 FROM cte WHERE num < 10 --设置生成的行数
)
SELECT
    CONCAT(
        substr(@surnames, FLOOR(RAND() * LENGTH(@surnames)/3+1), 1),
        substr(@names, FLOOR(RAND() * LENGTH(@names)/3+1), 1),
        if(rand()>0.5, substr(@names, FLOOR(RAND() * LENGTH(@names)/3+1), 1), ''),
    IF(rand() < 0.5, '男', '女'),
  DATE_ADD('1990-01-01', INTERVAL FLOOR(RAND() * 10000) DAY)
FROM cte;
```

上述 SQL 语句的作用是生成随机的姓名、性别和出生日期，插入 user 表中，并通过递归查询控制生成行数。

2.3.4 创建实体类

数据表创建成功后，需要创建实体类来映射数据库表的结构，在项目的 src/main/java/jsu/yym/chapter01 目录下创建一个 pojo 包或 entity 包，在该包下新建一个 Java 类，代码如下所示。

```
import lombok.Data;
java.time.LocalDate
@Data
public class User {
    private Integer id;
    private String name;
    private String gender;
    private LocalDate birth;
}
```

上述代码使用 java.time.LocalDate 定义日期类型，此类型是 Java 8 中引入的日期类，提供了更好的日期处理功能，可以更方便地操作日期，并且与数据库交互时能够自动进行类型转换。

上述代码的@Data 是 Lombok 库提供的一个注解，它可以自动为每个属性生成 getter、setter、toString、equals 和 hashCode 方法，简化了实体类的编写。

2.3.5 添加表和字段映射注解

MyBatis-Plus 提供了一些注解用于实体类的表和字段的映射，具体如下。

(1) @TableName 用于指定实体类对应的数据库表名。当实体类名与数据库表名不一致时，可通过该注解指定表名。

(2) @TableField 用于指定实体类属性对应的数据库字段名。当属性名与数据库字段名不一致时，可以通过该注解指定字段名。

(3) @TableId 用于标识实体类属性对应的主键字段。当属性对应的字段为主键时，可以使用@TableId 注解标识。

基于 2.2.4 节创建的实体类，添加表和字段映射的注解代码如下所示。

```
@Data
@TableName("user")
public class User {
    @TableId(value = " id", type = IdType.AUTO)
    private Integer id;
    private String name;
    private String gender;
    private LocalDate birth;
}
```

上述代码中的“@TableId(value = "id",type = IdType.AUTO)”是 MyBatis-Plus

中用于定义主键的注解。其中,参数含义如下。

value = "id":指定实体类中各个属性对应的数据表字段名,如果数据库表中的字段名与实体类中的属性一致,可以省略该参数。

type = IdType.AUTO:指定主键生成策略的类型。IdType.AUTO 表示使用数据库自增主键,当插入一条新记录时,数据库会自动生成主键值。

除了 IdType.AUTO,MyBatis-Plus 还提供了其他几种常用的主键生成策略类型。

(1) IdType.NONE:无主键生成策略,需要自行指定主键的值。

(2) IdType.INPUT:由用户手动输入主键值。

(3) IdType.ID_WORKER:使用全局唯一的 ID 生成策略,如雪花算法。

(4) IdType.ID_WORKER_STR:使用字符串类型的全局唯一 ID 生成策略。

(5) IdType.UUID:使用 UUID 作为主键。

(6) IdType.ASSIGN_ID:自定义 ID 生成器,需要实现 IdentifierGenerator 接口。

注意:在使用 MyBatis-Plus 创建实体类时,通常需要一个主键字段来标识唯一性以及增、删、改、查数据,因此在创建数据表时,应考虑设置主键。

2.3.6 创建 Mapper 接口

为了实现对数据库的操作,即对上述 user 表的增、删、改、查,需要创建一个 Mapper 接口,在项目的 src/main/java/jsu/yym/chapter01 目录下创建一个 Mapper 包,再新建一个接口文件,代码如下所示。

```
//省略了包名、导入类
@Mapper
public interface UserMapper extends BaseMapper<User> {}
```

上述代码创建了一个名为 UserMapper 的接口,它继承 MyBatis-Plus 提供的 BaseMapper 接口,并指定泛型参数为 User,即该接口用于操作类型为 User 的实体对象。

通过继承 BaseMapper 接口,定义的 UserMapper 接口将自动获得一组数据库操作方法,这些方法包括常见的增、删、改、查操作,以及其他常用的数据库操作,常用方法如下。

(1) int insert(T entity):将实体对象插入数据库表中,并返回插入的行数。

(2) int deleteById(Serializable id):根据主键删除数据库表中的记录,并返回删除的行数。

(3) int updateById(T entity):根据主键更新数据库表中的记录,并返回更新的行数。

(4) T selectById(Serializable id):根据主键查询数据库表中的记录,并返回查询到的实体对象。

(5) List<T>selectBatchIds(Collection<? extends Serializable>idList):根据一组主键批量查询数据库表中的记录,并返回查询到的实体对象列表。

(6) List<T>selectList(Wrapper<T>queryWrapper):根据条件查询数据库表中的记录,并返回查询到的实体对象列表。

(7) IPage<T>selectPage(IPage<T>page,Wrapper<T>queryWrapper):根据条件

分页查询数据库表中的记录，并返回查询到的实体对象分页结果。更多方法可查看官网文档，如图 2-2 所示。

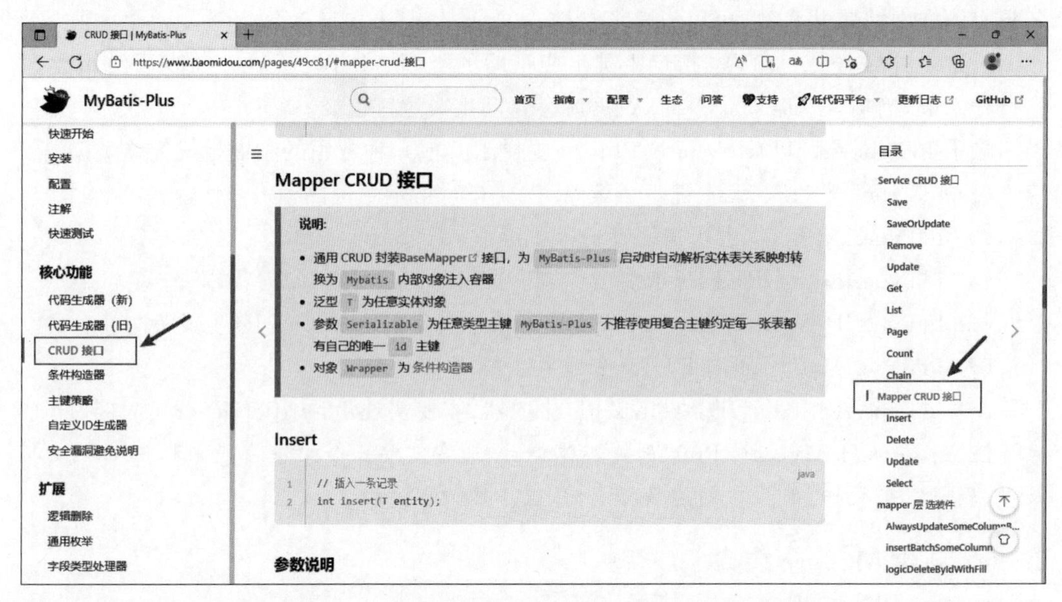

图 2-2 Mapper CRUD 接口

在 UserMapper 接口上使用@Mapper 注解，标识这是一个 Mapper 接口。当 Spring Boot 启动时，会自动扫描带有@Mapper 注解的接口或类，并利用 Java 的动态代理机制创建这些接口或类的代理对象，这个代理对象在调用接口或类中的方法时，会通过 MyBatis-Plus 内部的逻辑来解析方法的名称和注解，并根据这些信息生成对应的 SQL 语句，然后执行数据库操作。

在 Spring 框架中，代理对象被称为“Bean”。Bean 是 Spring 框架中的一个概念，它指的是由 Spring 容器管理的对象实例。上述代码将 UserMapper 接口注册为 Bean 后，可在其他组件中使用@Autowired 或其他相关注解将 UserMapper 注入需要使用的地方，从而实现对数据表 user 的操作。

2.3.7 配置 Mapper 接口扫描

在 Spring Boot 项目的启动类中添加@MapperScan 注解，可方便地扫描指定包下的所有 Mapper 接口，并使得 Spring Boot 应用程序自动关联这些接口和映射器。修改后的启动类(Chapter01Application.java)代码如下所示。

```
@SpringBootApplication
@MapperScan("jsu.yym.chapter01.mapper")
public class Chapter01Application {
    public static void main(String[] args) {
        SpringApplication.run(Chapter01Application.class, args);
    }
}
```

上述代码的中的“jsu.yym.chapter01.mapper”参数，指定了 Mapper 接口所在包路径。

注意：这个路径应该是相对于启动类所在包的相对路径，如果 Mapper 接口不在启动类所在的包或子包下，需要相应调整包路径。

2.3.8 创建控制器实现数据表的 CRUD

在项目的 src/main/java/jsu/yym/chapter01 目录下创建一个 controller 包，在该包下新建 UserController.java 文件，实现对 user 数据表的增、删、改、查，具体步骤如下所示。

(1) 通过@Autowired 注解，注入 UserMapper 接口，代码如下所示。

```
@RestController
public class UserController {
    @Autowired
    UserMapper userMapper;
}
```

通过@Autowired 注解将 UserMapper 注入 UserController 中，使其成为 UserMapper 接口的实例，方便在后续的代码中通过这个实例变量来操作数据库中的 user 表。

(2) 实现获取用户列表的接口，新建一个 GET 方法，代码如下所示。

```
@GetMapping("/user")
public List<User> getUsers(){  return userMapper.selectList(null); }
```

其中，上述代码各个参数的含义如下。

@GetMapping("/user")：将 HTTP GET 请求映射到指定的 URL 路径/user。当接收到该路径的 GET 请求时，将会执行下面的 getUsers()方法。

public List<User>getUsers()：这是一个公共方法，返回类型为 List<User>，用于获取用户列表。

selectList(null)：这是 userMapper 接口继承自 BaseMapper 的方法，用于查询数据库中的记录。传入 null 作为参数表示查询所有记录，即不添加任何查询条件。

通过以上代码，实现了生成一个 HTTP GET 请求的接口，用于获取用户列表。当访问路径/user 时，将会执行 getUsers()方法，该方法通过 userMapper 调用 selectList(null)方法查询数据库中的用户数据，并将结果返回为一个用户列表。使用 Postman 查询测试结果如图 2-3 所示。

图 2-3 中通过访问“http://localhost:8080/user”，发送了一个 HTTP GET 请求。服务器返回了 HTTP 状态码“200 OK”，表明请求处理无误，服务端已成功查询。并展示了以 JSON 格式组织的用户数据，其中包含了多个用户的记录。每条用户记录至少含有以下字段：id(用户 ID)、name(用户的姓名)、gender(性别)、birth(出生日期)。

(3) 实现添加用户的接口，新建一个 POST 方法，代码如下所示。

```
@PostMapping("/user")
public User createUser(@RequestBody User user) {
```

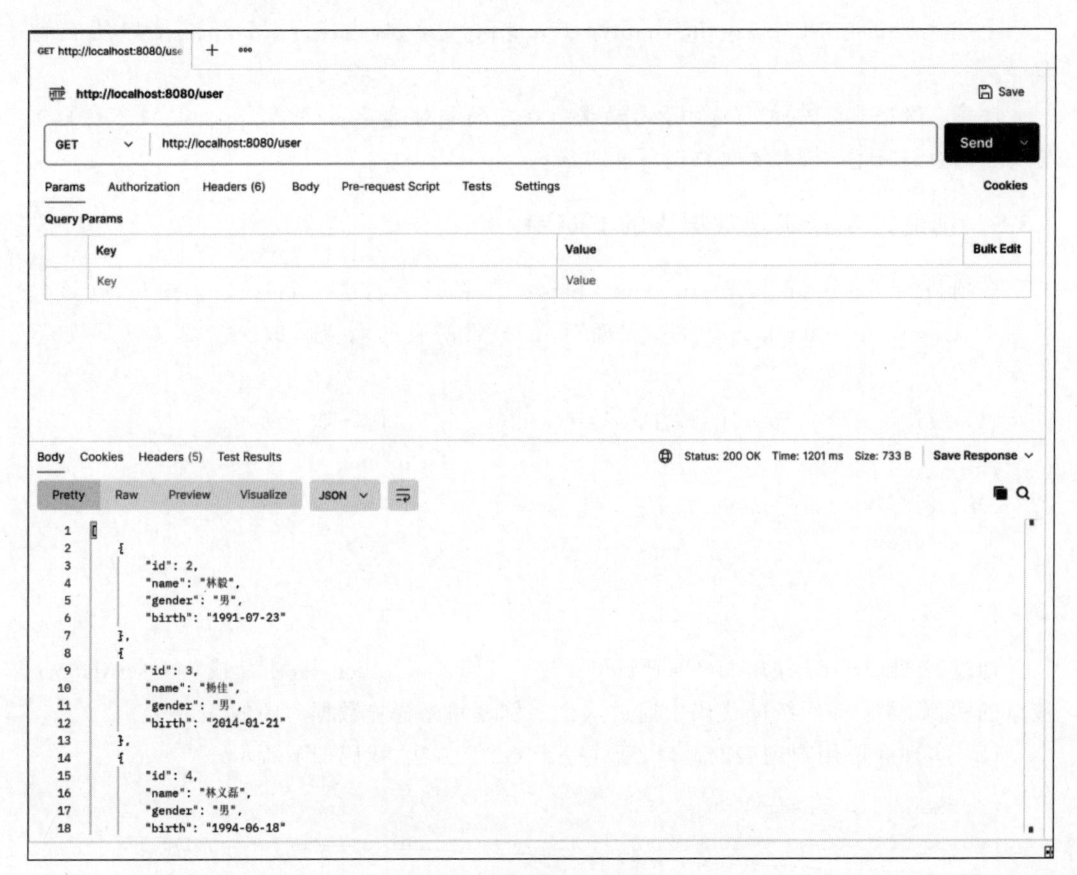

图 2-3　查询测试结果图

```
        userMapper.insert(user);
        return user;
    }
```

上述代码中，各个参数的含义如下。

@PostMapping("/user")：将 HTTP POST 请求映射到指定的 URL 路径/user，当接收该路径的 POST 请求时，将执行下面的 createUser()方法。

public User createUser(@RequestBody User user)：这个方法接收一个 User 对象作为请求体，使用@RequestBody 注解告诉 Spring MVC 将请求体中的 JSON 数据转换为 User 对象。

User user：这是 createUser()方法的参数，用于接收请求体中的用户数据。

userMapper.insert(user)：使用 userMapper 对象调用 insert()方法，该方法继承 BaseMapper，用于向数据库插入记录。将 user 对象作为参数传入，即将用户数据插入数据库。

return user：将插入的用户对象作为接口的响应返回。

通过这段代码，当客户端发送包含用户数据的 POST 请求到"/user"路径时，后端将接收到请求体中的 JSON 数据，并将其转换为 User 对象。然后，使用 userMapper 对象将 User 对象的数据插入数据库中，并将插入的 User 对象作为响应返回给客户端。使用

Postman 的测试结果如图 2-4 所示。

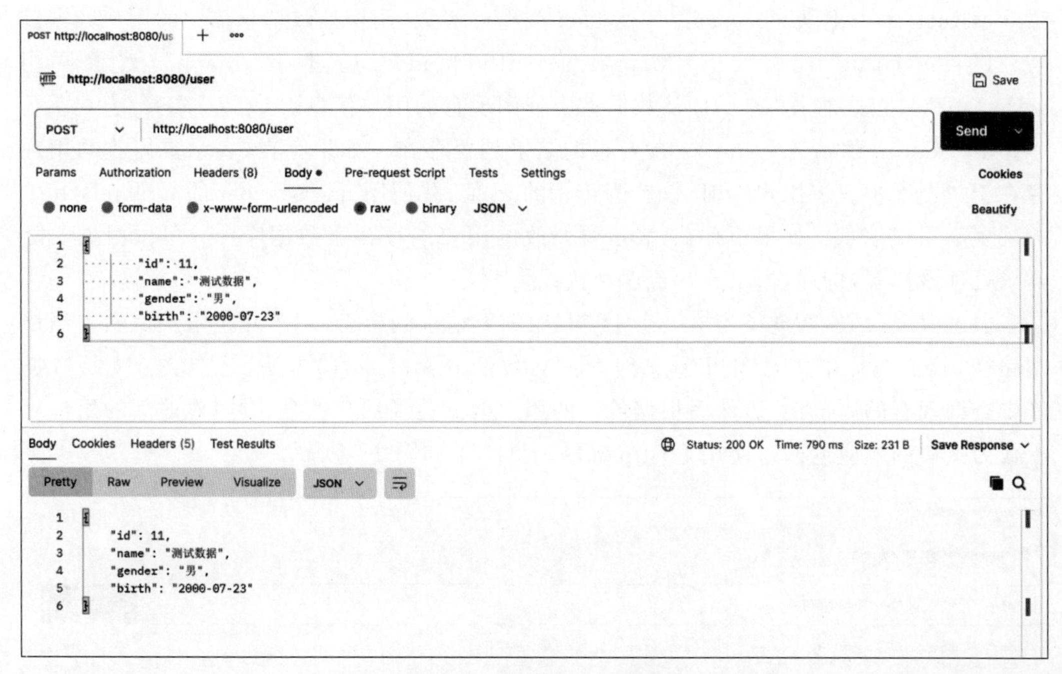

图 2-4　添加测试结果图

图 2-4 中通过访问“http://localhost:8080/user”,发送一个 HTTP POST 请求。服务器返回了 HTTP 状态码“200 OK”,表明请求处理无误。服务端已成功新增一个 ID 为 11 的用户,响应体部分展示了以 JSON 格式组织的用户数据,其中包含了新建用户的基本信息。

(4) 实现修改用户的接口,新建一个 PUT 方法,代码如下所示。

```
@PutMapping("/user/{id}")
    public User updateUser (@ PathVariable ( " id") int id, @ RequestBody User
user) {
        User existingUser =userMapper.selectById(id);
        if (existingUser != null) {
            user.setId(id);
            userMapper.updateById(user);
            return user;
        } else {
            return null;
        }
    }
```

上述代码中,各个参数的含义如下。

@PutMapping("/user/{id}"):将 HTTP PUT 请求映射到指定的 URL 路径/user/{id},其中{id}是一个路径变量,用于指定要修改的用户 ID。

public User updateUser():返回类型为 User,用于修改用户信息。

@PathVariable("id")Int id:一个路径变量,用于接收 URL 中的用户 ID,并将其赋值给 id 变量。

@RequestBody User user：一个 User 类型的参数，用于接收请求体中的用户数据。

User existingUser = userMapper.selectById(id)：通过 userMapper 对象调用 selectById()方法，根据用户 ID 从数据库中查询现有的用户信息。

if (existingUser != null)：检查查询结果是否存在。如果存在，表示要修改的用户存在于数据库中。将用户的 ID 设置为传入的 id 值，并使用 userMapper 的 updateById()方法更新用户信息。如果不存在，表示要修改的用户不存在于数据库中。可以根据实际需求处理该情况，例如，抛出异常或返回错误信息。

通过以上代码，实现了生成一个 HTTP PUT 请求的接口，用于修改用户信息。当访问路径/user/{id}并发送 PUT 请求时，将会执行 updateUser()方法，该方法首先从数据库中查询现有的用户信息，然后根据传入的用户数据更新用户信息，并将修改后的用户对象作为接口的响应返回。使用 Postman 的测试结果如图 2-5 所示。

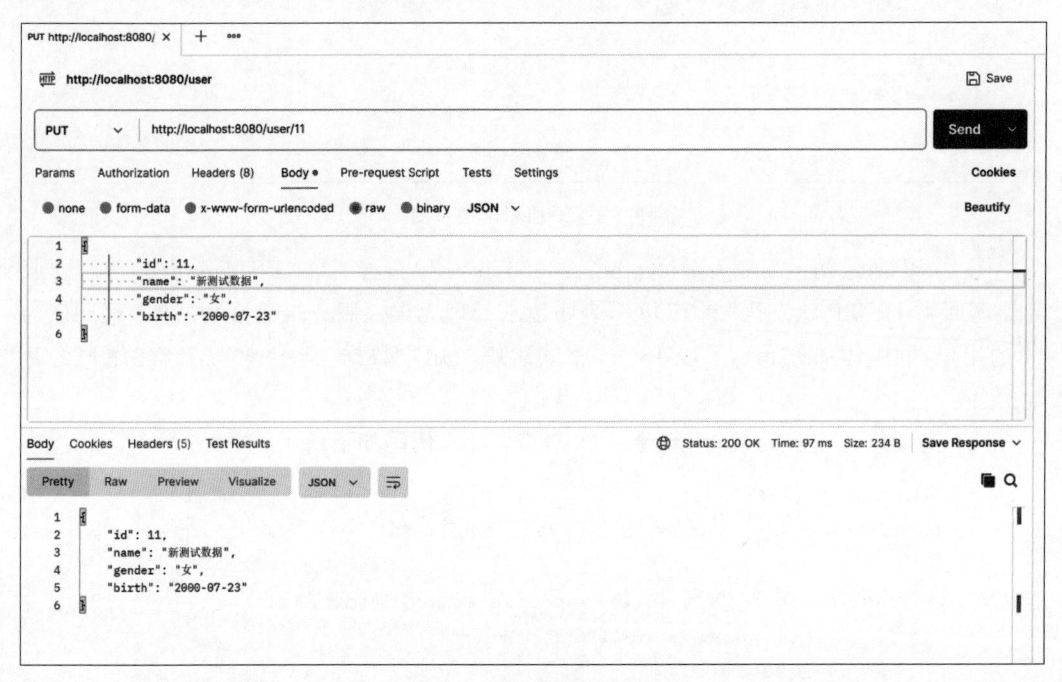

图 2-5　修改测试结果图

图 2-5 中通过访问“http://localhost:8080/user/11”，发送一个 HTTP PUT 请求。服务器返回了 HTTP 状态码“200 OK”，表明请求处理无误，服务端已成功将用户 ID 为 11 的用户信息进行更新。

(5) 实现删除用户的接口，新建一个 DELETE 方法，代码如下所示。

```
@DeleteMapping("/user/{id}")
    public int delUser(@PathVariable("id") int id) {
        return userMapper.deleteById(id);
    }
```

上述代码中，各个参数的含义如下。

@DeleteMapping("/user/{id}")：将 HTTP DELETE 请求映射到指定的 URL 路径/user/{id}。其中{id}是一个路径变量，用于指定要删除的用户 ID。

public int delUser(@PathVariable("id") int id)：返回类型为 int，用于删除用户。

@PathVariable("id") int id：一个路径变量，用于接收 URL 中的用户 ID，并将其赋值给 id 变量。

return userMapper.deleteById(id)：通过 userMapper 对象调用 deleteById()方法，根据用户 ID 从数据库中删除用户，该方法继承自 BaseMapper，返回值为删除的记录数。

通过以上代码，当访问路径/user/{id}并发送 DELETE 请求时，将会执行 delUser()方法。该方法会调用 userMapper 的 deleteById()方法，根据传入的用户 ID 从数据库中删除用户，并将删除的记录数作为接口的响应返回。使用 Postman 的测试结果如图 2-6 所示。

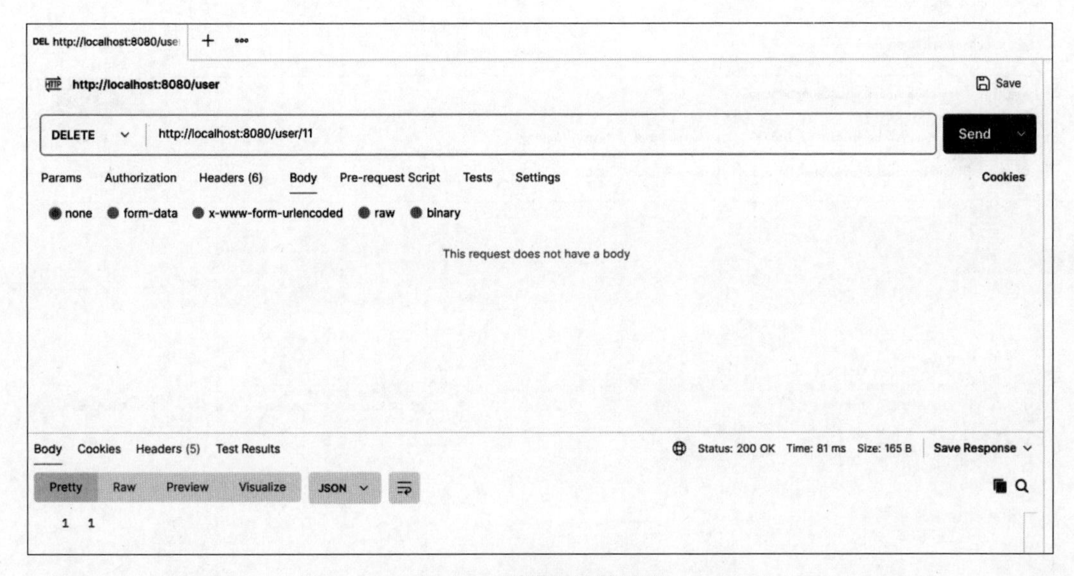

图 2-6　删除测试结果图

图 2-6 中通过访问“http://localhost:8080/user/11”，发送一个 HTTP DELETE 请求。服务器返回了 HTTP 状态码“200 OK”，表明请求处理无误，服务端已成功删除用户 ID 为 11 的用户信息。DELETE 请求一般不会返回具体的用户数据，只是返回成功删除的数据条数。

(6) 实现批量删除用户的接口，新建一个 DELETE 方法，代码如下所示。

```
@DeleteMapping("/user/batch")
public int delUserBatch(@RequestBody List<Long> ids) {
    return userMapper.deleteBatchIds(ids);
}
```

上述代码中，各个参数的含义如下。

@DeleteMapping("/user/batch")：将 HTTP DELETE 请求映射到指定的 URL 路径/user/batch。

public int delUserBatch(@RequestBody List<Long>ids)：返回类型为 int，用于批量

删除用户。

@RequestBody List<Long>ids：一个 List 类型的参数，用于接收请求体中要删除的用户 ID 集合。

return userMapper.deleteBatchIds(ids)：通过 userMapper 对象调用 deleteBatchIds()方法，根据多个用户的 ID 从数据库中删除多个用户，该方法继承自 BaseMapper，返回值为删除的记录数。

通过以上代码，当访问路径/user/batch 并发送 DELETE 请求时，将会执行 delUserBatch 方法。该方法会调用 userMapper 的 deleteBatchIds()方法，根据传入的用户 ID 集合从数据库中删除多个用户，并将删除的记录数作为接口的响应返回。使用 Postman 的测试结果如图 2-7 所示。

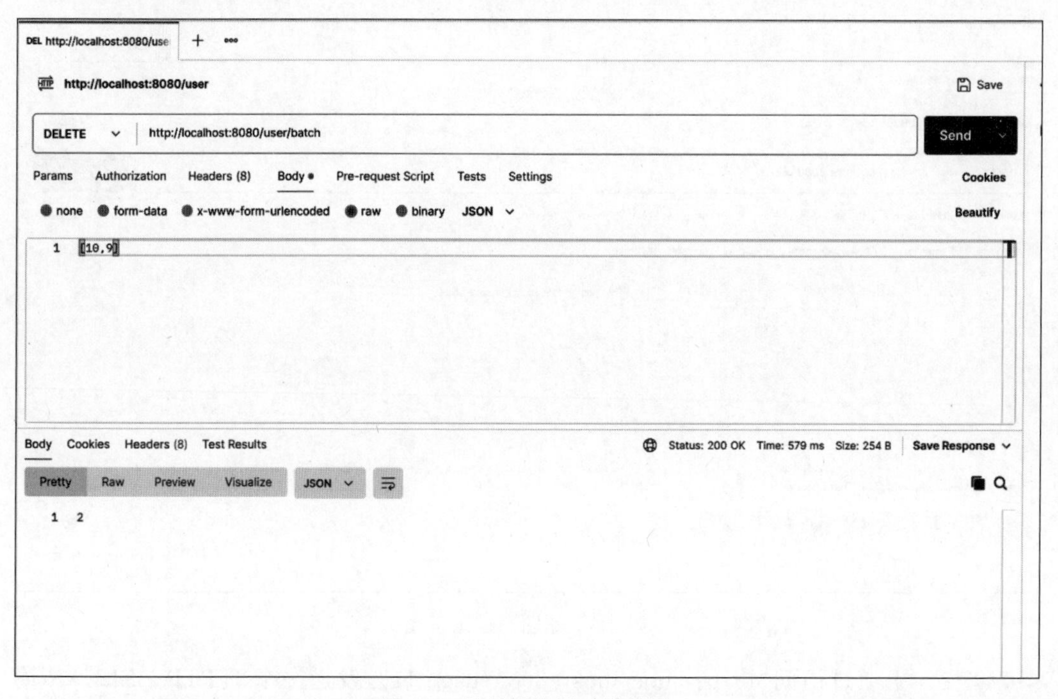

图 2-7　批量删除测试结果图

图 2-7 中通过访问“http://localhost:8080/user/batch”，发送一个 HTTP DELETE 请求。服务器返回了 HTTP 状态码“200 OK”，表明请求处理无误，服务端已成功批量删除用户 ID 为 10 和 9 的用户，返回成功删除的数据条数。

(7) 实现模糊查询用户的接口，新建一个 GET 方法，代码如下所示。

```
@GetMapping("/userByName/{name}")
public List<User> findByName(@PathVariable String name) {
    QueryWrapper<User> queryWrapper = new QueryWrapper<>();
    queryWrapper.like("name", name);
    return userMapper.selectList(queryWrapper);
}
```

上述代码中，各个参数的含义如下。

@GetMapping("/userByName/{name}")：用于处理 GET 请求的路由配置，路径为/userByName/{name}，其中 {name} 是一个路径参数，用于指定要查询的姓名。

public List< User >findByName(@PathVariable String name)：用于处理 GET 请求，使用@PathVariable 注解来获取路径参数 name 的值。

QueryWrapper<User>queryWrapper＝new QueryWrapper<>()：创建一个 QueryWrapper 对象，用于构建查询条件。

queryWrapper.like("name",name)：使用 like 方法添加一个模糊查询条件，查询属性为“name”，值为 name，即根据姓名进行模糊查询。

return userMapper.selectList(queryWrapper)：执行查询操作，使用 queryWrapper 中的条件进行查询，并返回符合条件的用户列表。

QueryWrapper 是 MyBatis-Plus 提供的一个查询构造器，用于构建复杂的查询条件。它提供了一系列方法，如 eq、like、in 等，可以根据用户需求添加不同的查询条件。通过 QueryWrapper，用户可以灵活地构建各种查询条件，以满足不同的查询需求。

在上述代码中，使用了 like 方法进行模糊查询，根据传入的姓名参数来查询匹配的用户列表。返回的结果是符合条件的用户列表。使用 Postman 的测试结果如图 2-8 所示。

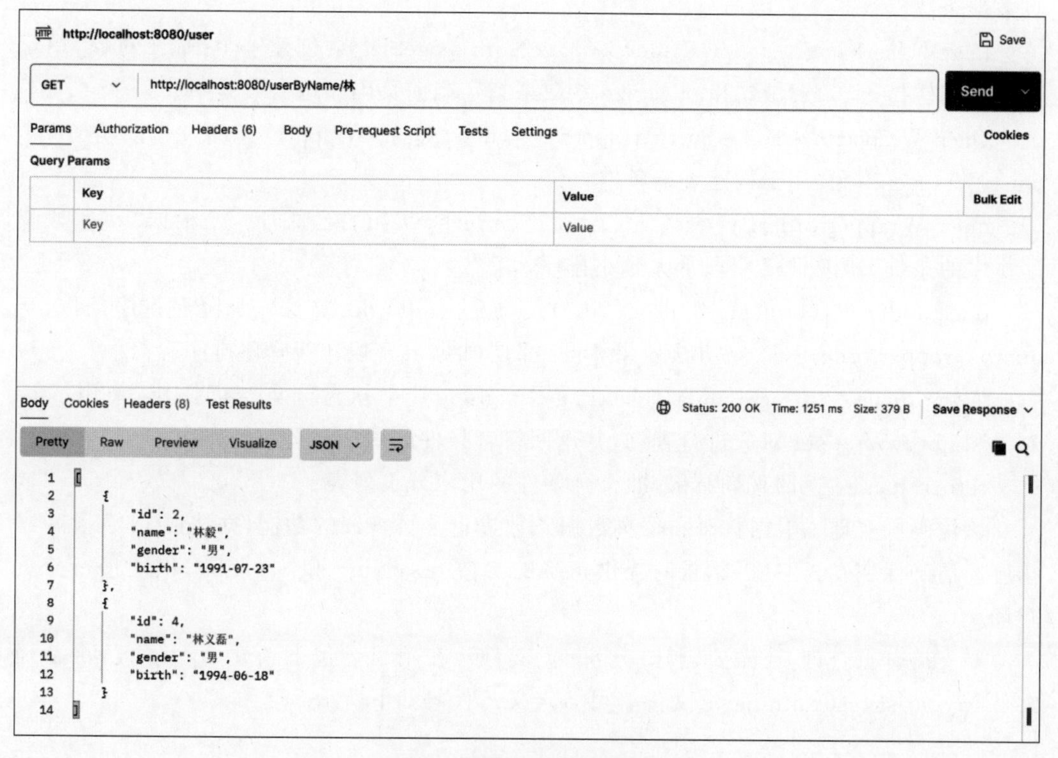

图 2-8　模糊查询测试结果图

图 2-8 中通过访问“http://localhost:8080/userByName/林”，发送一个 HTTP GET 请求。服务器返回了 HTTP 状态码“200 OK”，表明请求处理无误，系统返回所有名字中含有“林”的用户信息。

(8) 实现用户分页的接口，新建一个 GET 方法，代码如下所示。

```
@GetMapping("/user/findByPage")
    public IPage getUserList(@RequestParam("pageNum") Integer pageNum,
                             @RequestParam("pageSize") Integer pageSize) {
        Page<User> page = new Page<>(pageNum, pageSize);
        QueryWrapper<User> queryWrapper = new QueryWrapper<>();
        queryWrapper.orderByDesc("id");          //根据 id 字段降序排序
        page.addOrder(OrderItem.desc("id"));     //添加降序排序条件
        IPage ipage =userMapper.selectPage(page, null);
        return ipage;
    }
```

上述代码中,各个参数的含义如下。

@GetMapping("/user/findByPage"):一个用于处理 GET 请求的路由配置,路径为/user/findByPage。

public IPage getUserList(@RequestParam("pageNum") Integer pageNum, @RequestParam("pageSize") Integer pageSize):一个处理 GET 请求的方法,使用@RequestParam 注解来获取请求参数 pageNum 和 pageSize 的值,分别表示当前页码和每页数据条数。

Page<User>page = new Page<>(pageNum,pageSize):创建一个 Page 对象,用于分页查询。传入 pageNum 和 pageSize 参数来指定当前页码和每页数据条数。

QueryWrapper< User > queryWrapper = new QueryWrapper < >():创建一个 QueryWrapper 对象,用于构建查询条件。

queryWrapper.orderByDesc("id"):通过 orderByDesc 方法添加一个根据"id"字段降序排序的条件,即按照 id 字段从大到小排序。

page.addOrder(OrderItem.desc("id")):通过 addOrder 方法添加降序排序条件,与 queryWrapper.orderByDesc 方法效果相同,都是根据 id 字段进行降序排序。

IPage ipage = userMapper.selectPage(page,null):执行分页查询操作,使用 page 对象和 queryWrapper 对象进行查询,并返回符合条件的用户分页结果。

return ipage:返回查询结果,即符合条件的用户分页列表。

该代码段实现了根据页码和每页数据条数进行分页查询的功能,并按照 id 字段降序排序。请确保在发送 GET 请求时提供正确的参数 pageNum 和 pageSize,以便进行分页查询。

要支持分页查询,还需要创建一个配置文件。在项目主包下新建 config 包,再新建文件 MybatisPlusConfig.java(文件名可自定义),代码如下所示。

```
@Configuration
public class MybatisPlusConfig {        //分页配置
    @Bean
    public MybatisPlusInterceptor paginationInterceptor() {
        MybatisPlusInterceptor interceptor = new MybatisPlusInterceptor();
            PaginationInnerInterceptor  paginationInnerInterceptor  =  new
            PaginationInnerInterceptor(DbType.MYSQL);
```

```
        interceptor.addInnerInterceptor(paginationInnerInterceptor);
        return interceptor;
    }
}
```

上述代码是一个用于分页查询用户列表的方法。使用 Postman 的测试结果如图 2-9 所示。

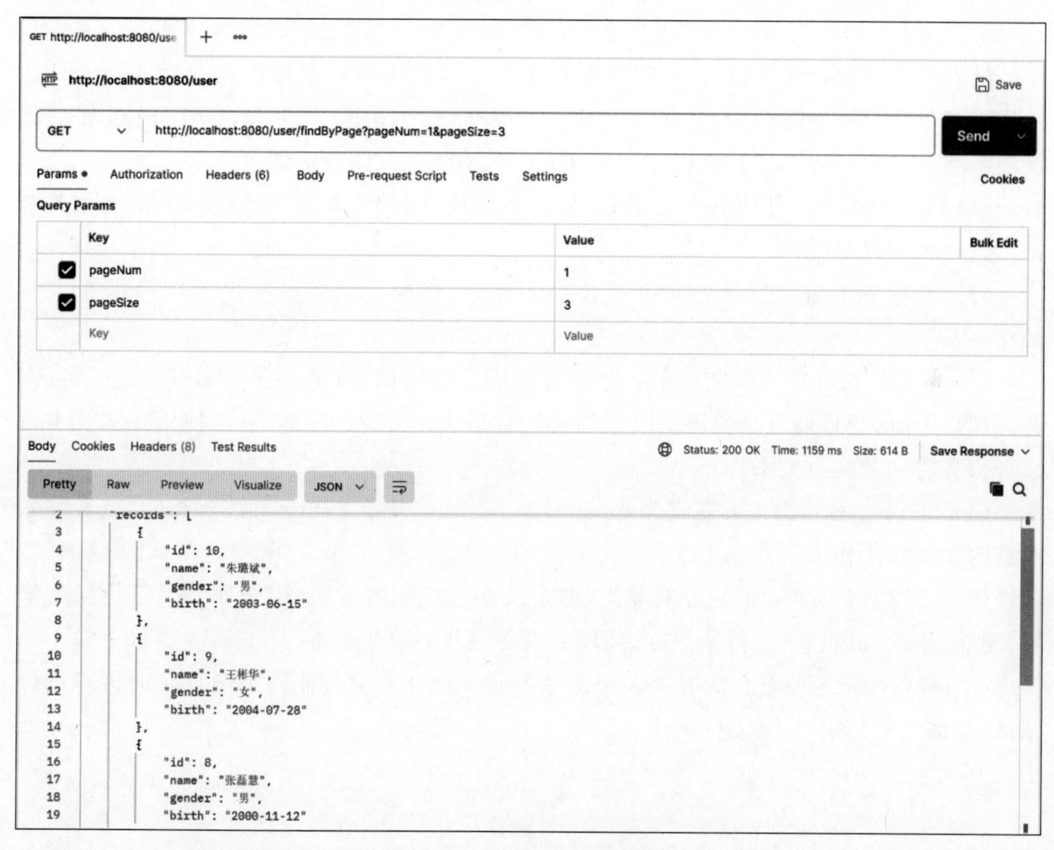

图 2-9　分页查询测试结果图

图 2-9 中通过访问“http://localhost:8080/user/findByPage?pageNum=1&pageSize=3”,发送一个 HTTP GET 请求。服务器返回了 HTTP 状态码“200 OK”,表明请求处理无误。请求参数中,页面编号(pageNum)为 1,每页显示的数量(pageSize)为 3。响应结果是一个包含三个用户对象的列表,每个对象包含了用户的 id、name、gender 和 birth 等信息。

2.4　注意事项

(1) 在编写 application.properties 时,务必确保数据库 URL、用户名、密码、端口号及 MyBatis-Plus 配置(如全局策略、日志级别)精确无误。验证配置的正确性,避免启动时因配置不当引发异常。

(2) 在 Spring Boot 应用的配置类中,使用@MapperScan 注解明确指定 Mapper 接口的包路径。对于分散在不同包下的 Mapper,可以灵活运用多个@MapperScan 注解或通过通配符(如 com.example.project.mapper. *)来批量扫描,确保所有 Mapper 接口都被自动识别和注册。

2.5 实践任务

随着数字化时代的快速发展,图书馆和在线书店等场景对书籍信息的管理需求日益增强。为了满足这一需求,本实践将构建一个基于 Spring Boot 和 MyBatis-Plus 的书籍管理系统,实现书籍信息的增、删、改、查(CRUD)功能。具体要求如下所示。

(1) 项目初始化: 利用 Spring Boot 快速搭建项目框架,添加 MyBatis-Plus 等相关依赖,为后续的开发提供坚实的基础。

(2) 数据库配置: 配置数据源和数据库连接,确保系统能够稳定地与数据库进行交互。

(3) 数据库设计与实体类映射: 设计书籍信息的数据表,至少包含书籍 ID、书名、作者、出版社和出版日期五个关键字段。创建与数据表相对应的实体类,并使用注解技术定义表与类之间的映射关系。

(4) Mapper 接口开发: 创建 Mapper 接口,利用 MyBatis-Plus 的注解功能,定义书籍信息的数据库操作方法。

(5) 控制器类实现: 创建控制器类,并定义多个控制器方法,用于处理书籍信息的增加、删除、修改、分页查询、批量删除、模糊查询等请求。

(6) 接口测试与验证: 使用 Postman 或其他测试工具对控制器类中定义的接口进行测试,验证书籍信息的 CRUD 功能。

第3章　HTML 技术实践

3.1　知 识 简 介

3.1.1　HTML 简介

HTML(Hyper Text Markup Language,超文本标记语言)是一种用于创建网页的标记语言,主要用来定义网页的结构和内容。使用 HTML 标记语言编写的文档被称为 HTML 文档,由 HTML 元素组成。常见的 HTML 元素包括标题、段落、列表、表格、超链接、图像、音视频、表单等。一个 HTML 元素由一个标签和一组属性组成。一个标签可以有一个或多个属性,属性以名称和值成对出现。Web 浏览器读取 HTML 文档,并以网页的形式显示出来,浏览器不会显示 HTML 标签,而是通过标签来解释网页的内容。

HTML 标签是由尖括号包围的关键词,如<table>,不区分大小写。HTML 标签通常是成对出现的,如<div>和 </div>,标签对中的第一个标签是开始标签,第二个标签是结束标签。

有些 HTML 元素由开始标签、内容、结束标签组成,例如,HTML 段落元素语法格式如图 3-1 所示。

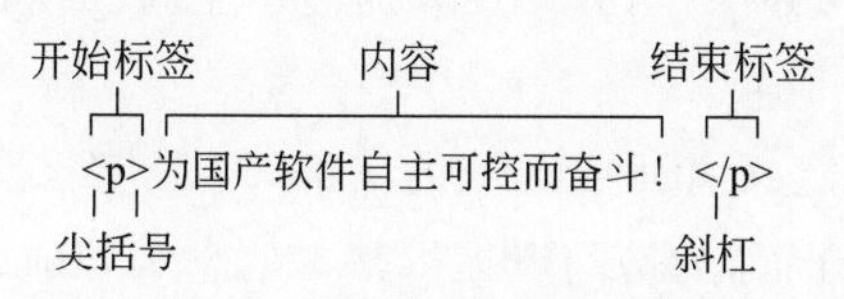

图 3-1　HTML 段落元素

还有一些元素既不包含文本也不包含其他元素。这类元素无需单独的结束标签,只需在开始标签的“>”前加一个可选的空格和斜杠即可,如图像元素标签<img />。

除了标签,HTML 还可以使用属性来描述元素。属性为元素提供了其他信息,例如,图像的 URL 地址、表格的行数和列数等。属性通常以“名/值对”的形式出现,属性的名称和值不区分大小写,例如,图像元素<img src="logo.jpg" alt="吉首大学" />,其中,src 和 alt 是属性的名称,而 logo.jpg 和吉首大学是它们的值,各属性用空格隔开且没有先后次序。

使用 HTML 标记语言编写的文档扩展名为.html 或.htm,可以使用任意的文本编辑器对其进行编辑,如 Windows 的记事本,本书推荐使用 IntelliJ IDEA。

3.1.2　HTML 常用标签

HTML 是用于构建网页的标准标记语言。下面列出了一些最常用的 HTML 标签,这些标签构成了网页的基本结构和内容。

（1）标题标签：<h1>，<h2>，…，<h6>，用于定义页面的六个等级的标题，其中，<h1>为最高级别，<h6>为最低级别。合理使用标题层级有助于优化搜索引擎，以及使内容结构化。

（2）段落标签：<p>包围绕文本内容以形成段落，是文本内容最基本的组织单位。

（3）链接标签：<a href="URL">文本</a>用于创建超链接，用于指向其他网页、文件或同一页面内的锚点，是网页导航的基础。

（4）图像标签：<img src="图片 URL" alt="替代文本">用于插入图像到页面中，src 属性指定图片路径，alt 属性提供图片无法显示时的替代文本，利于无障碍访问。

（5）列表标签：<ul>与<li>（无序列表），<ol>与 <li>（有序列表）分别用于创建无序和有序列表，<li>为列表项。

（6）表格标签：<table>、<tr>、<td>、<th>组织数据为表格，其中，<table>定义表格，<tr>为行，<td>为单元格（数据），<th>为表头单元格。

（7）容器标签：<div>为通用的块级容器，用于布局和样式应用，是布局设计中常用的基础元素。

（8）内联文本格式标签：<strong>、<em>、<b>、<i>、<u>、<s>、<sub>、<sup>分别用于强调（重要性与语气）、加粗（强调）、视觉加粗、斜体、下画线、删除线、下标、上标文本。

（9）文本区域：<textarea>用于创建多行文本输入框，便于用户输入大量文本信息。

（10）表单元素：<form>用于构建表单，收集用户输入，<input>有多种类型，<select>创建下拉菜单，<option>为其子项。

（11）多媒体标签：<audio>和<video>分别用于嵌入音频和视频文件，丰富网页媒体内容。

（12）<header>标签：定义页面或区域的头部，通常包含网站标题、副标题、标志、导航菜单等。它作为内容的开篇，为访问者提供基本信息和导航入口。

（13）<nav>标签：用于定义页面的导航链接区域，集中展示跳转到网站其他部分或页面的链接。它提高了用户体验，确保屏幕阅读器和搜索引擎能识别网站的导航结构。

（14）<section>标签：用于定义文档中的独立部分或章节，适合分隔开不同的内容块，如文章、新闻区、教程章节等。

（15）<article>标签：定义可独立分布和复用的内容块，如博客文章、新闻条目。它能被独立理解，脱离上下文依然完整，可被索引和分享。

（16）<figure>标签：可以围绕图片、图表等媒体内容，<figcaption>提供图解或标题，增强了媒体的描述性，便于理解。

（17）<main>标签：标记页面的主要内容区域，以及直接与文档主题相关的部分，如文章、新闻、博客等。它可以帮助区分导航、侧边栏等辅助内容。

（18）<cite>标签：用于标注引用的来源，增强引用的权威性和透明度。而 <fieldset>和<legend>分别用于表单的分组和标题，增强表单的语义化和可访问性。

（19）<footer>标签：定义页面底部区域，常包含版权信息、联系方式、底部导航等，为页面提供结束信息。

3.2 实践目的

通过该实践，熟练掌握 HTML 标签的正确使用方法及其语义含义，并且通过规划和实施网站的不同板块，培养良好的网页结构设计思维，培养网页设计和开发能力，为后续 CSS 样式的学习打下基础。

3.3 实践范例

在本章实践中，将以某次“人工智能国际学术会议”官方网站的报名及议程展示页面为案例，完成一个多功能的网页设计项目。它能够提供会议概览、嘉宾介绍、详细议程安排、在线报名功能以及互动问答板块。此案例旨在综合运用 HTML，展示网页设计的各方面，下面是详细的实践步骤。

3.3.1 构建网页头部结构

网页头部是每个 HTML 文档的基础设施，负责定义页面的元数据、字符编码、标题以及其他不可见但至关重要的信息。本节将深入了解构成网页头部的各个关键元素，并通过实践构建“国际学术会议官网”的头部结构，代码如下所示。

```
<!DOCTYPE html>
<htmllang="zh">
<head>
    <meta charset="UTF-8">
    <title>国际学术会议官网</title>
</head>
<body>
```

<!DOCTYPE>元素用来声明 HTML 文档类型，一般位于 HTML 文档首行。不同的 HTML 版本有不同的文档类型声明。例如，<!DOCTYPE html>表示当前文档采用 HTML5 版本。<!DOCTYPE>是一个非常重要的标记，不同的文档类型声明会影响浏览器的渲染方式和解析行为，需要根据实际情况选择合适的声明方式。

<html>元素是 HTML 文档的根元素，所有其他元素都应该是它的子元素。一个 HTML 文档应该以 <html>开始，并以 </html>结束。该元素包含了整个文档的内容，包括文档头部信息（<head>元素）和文档的主体内容（<body>元素）。为了方便搜索引擎和其他语言处理工具理解文档的内容，用户可以通过设置该元素的 lang 属性指定文档使用的语言。例如，<html lang="en">表示文档使用英语，值设置为"zh"表示使用中文。如果 HTML 元素没有设置 lang 属性，则使用浏览器的默认语言。

<head>元素是 HTML 文档的一个重要组成部分，通常放置在 <html>标签和 <body>标签之间，用于包含各种网页元数据（Metadata），如文档标题、关键词、CSS 样式表和 JavaScript 代码等。<head>元素中的内容不会直接显示在网页上，主要用于搜索引擎优

化(SEO)和网页性能优化,具体优化见本书后续内容。

<title>元素用来定义 HTML 文档的标题,位于 <head>元素中,定义的标题内容显示在浏览器的标题栏或标签页上,文档被搜索引擎收录后,用于搜索结果的标题显示。

<meta>元素用于提供关于 HTML 文档的元信息(Meta Information),位于 <head>元素中。该元素不会在页面中显示,用户可以通过属性设置文档的元信息,包括页面的描述、关键词、作者、字符集等,例如,<meta charset="UTF-8">用于设置文档字符集,告诉浏览器使用 UTF-8 字符集解析当前 HTML 文档。

<body>元素是 HTML 文档中最基本的元素之一,它定义了 HTML 文档的主体部分。在一个 HTML 文档中,<body>元素位于<html>元素的内部,它包含了 HTML 文档中所有的可见内容,包括文本、图片、表格、链接等。

HTML 注释以"<!--"开始,以"-->"结束,在这两个符号之间的任何内容都将被视为注释,注释内容不会被浏览器解释执行,也不会在网页中显示。HTML 注释可以放置在文档的任何位置,如 HTML 标签内、HTML 文本中。良好的注释可以帮助用户更轻松地理解和维护代码。

3.3.2 构建网页的导航栏

在构建网页时,导航栏是不可或缺的组成部分,它如同地图一样,帮助用户快速定位并访问网站的关键区域。在 HTML 中,<nav>标签是实现网页导航链接的关键元素,而<a>标签则用于创建这些链接。下面的代码展示了如何使用这些元素构建一个包含会议首页、会议议程、会议嘉宾、会议报名、组织机构、联系我们的导航菜单。

```
<body>
<header>
    <nav>
        <a href="#home">会议首页 /</a>
        <a href="#agenda">会议议程 /</a>
        <a href="#speakers">会议嘉宾 /</a>
        <a href="#registration">会议报名 /</a>
        <a href="#organizations">组织机构 /</a>
        <a href="#contact">联系我们</a>
    </nav>
</header>
<!-- 注意: nav 元素有助于用户快速导航 -->
</body>
```

<header>元素用于定义文档或节的页眉,通常包含页面顶部的导航链接、徽标、搜索表单或其他头部信息,帮助用户快速定位页面主要区域。

<nav>元素表示页面中导航链接的部分,用于跳转到文档内的不同部分或其他页面,有助于用户快速识别和导航网站的主要部分,提高网站的可访问性。

<a>元素定义超链接,用于从当前文档链接到互联网上的另一个文档或文档内的某个位置。可以使用 href 属性指定链接的目标 URL,文本内容则作为可见的链接文本显

示给用户。例如,<a href="#agenda">表示议程</a>链接到页面内ID为“agenda”的元素。在实际应用中,应当使用完整的URL而非仅“#标识符”,如<a href="organizations.html">组织机构</a>。

导航栏效果图如图3-2所示。

会议首页/ 会议议程/ 会议嘉宾/ 会议报名/ 组织机构/ 联系我们/

图3-2　导航栏效果图

3.3.3　构建会议介绍模块

在网页设计中,传达会议基本信息是吸引参会者的关键。本节使用了多种标签来构建了一个会议介绍模块,代码如下所示。

```
<main>
    <section id="home">
        <h1>2024年国际人工智能学术会议</h1>
        <p>希望为广大从事智能科学与技术、人工生命及相关智能信息处理的专家、学者和研
究生提供学术交流的平台,推动我国智能信息处理、人工生命与合成生物学的交叉、融合与发展。
热烈欢迎国内外相关领域的专家学者莅临会议。</p>
        <figure>
            <img src="img.png" alt="会议宣传图片">
            <figcaption>会议宣传照片</figcaption>
        </figure>
    </section>
</main>
<hr />
```

<main>元素用于界定文档的主要内容区域,直接承载与用户最为相关的信息,如会议介绍、议程详情等。此元素帮助区分主要内容与导航、页脚等辅助内容。

<section>元素用于组织具有共同主题或流内容的区块,如本例中的会议介绍。它为网页内容提供了逻辑上的分段,有助于屏幕阅读器用户理解页面结构。

<figure>包裹独立的媒体内容,如图片、图表,以及与之相关的<figcaption>说明文字。这组标签不仅在视觉上分离内容,还赋予图片上下文意义,增强信息的可访问性。

<img>元素用于嵌入图像到页面中,通过src属性指定图像文件路径,alt属性提供图像无法加载时的替代文本描述,确保所有用户都能理解图像内容。

<p>元素用于定义段落文本中的叙述性内容,如会议的目的、目标群体介绍等,保证文本的清晰呈现。

<hr>水平线,用于视觉上分隔不同内容块,增强版面的条理性,本例中用于自然过渡会议介绍与其他章节内容。

浏览器显示结果如图3-3所示。

3.3.4　构建嘉宾阵容模块

在构建网页以展示会议嘉宾阵容时,HTML的语义化标签扮演了至关重要的角色,

图 3-3　会议介绍效果图

本节利用<section>、<article>等标签，高效且美观地展示嘉宾的详细介绍，代码如下所示。

```
<section id="speakers">
    <article>
        <h2>张三教授</h2>
        <p>计算机科学领域专家</p>
        <ul>
            <li>论文"AI 发展趋势"</li>
            <li>荣誉: 国家科学技术进步奖</li>
        </ul>
        <q>"科研的真谛在于探索未知。"<cite>—— 张三</cite></q>
    </article>
    <article>
        <h2>李四教授</h2>
        <p>计算机科学领域专家</p>
        <ul>
            <li>论文"AI 发展趋势"</li>
            <li>荣誉: 国家科学技术进步奖</li>
        </ul>
        <q>"人工智能促进社会的发展。"<cite>—— 李四</cite></q>
    </article>
    <!-- 重复此结构添加更多嘉宾 -->
</section>
<hr />
```

<section>用于定义文档中的独立部分，如章节、页眉、页脚或具有相似内容的区域。这里用来包裹所有的嘉宾介绍，通过 id="speakers"给该 section 一个唯一标识，便于 CSS 或 JS 操作。

<article>元素封装了可独立于上下文理解的完整内容单元，这里是每位嘉宾的个人信息，它们被封装在单独的<article>内，强调了信息的独立性和可重用性。

<h2>标题标签用于标记每个嘉宾的姓名，作为嘉宾介绍的主标题，体现了信息层级结构中的二级标题。

<p>段落标签描述嘉宾的职务或专业领域，提供基本信息，增加了内容的可读性。

<ul>无序列表用于列举嘉宾的成就，例如，发表的论文和获得的奖项，通过标记每一项成就，保持了信息的条理性。

<li>表示列表项，用于<ul>或<ol>内部，分别代表了论文名和所获奖项，如“论文‘AI发展趋势’”“荣誉：国家科学技术进步奖”。

<q>标签用于直接引用嘉宾的名言或观点，增强了内容的吸引力。

<cite>表示引用的工作的标题或被引用的作者，指明了名言的出处，即嘉宾的名字。

浏览器显示结果如图 3-4 所示。

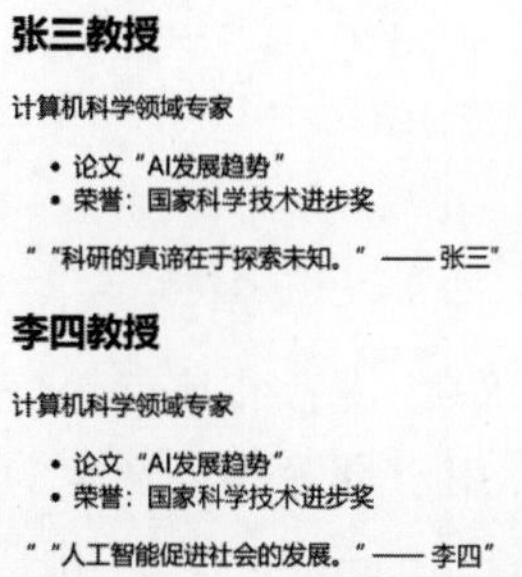

张三教授

计算机科学领域专家

- 论文“AI发展趋势”
- 荣誉：国家科学技术进步奖

“ “科研的真谛在于探索未知。” —— 张三”

李四教授

计算机科学领域专家

- 论文“AI发展趋势”
- 荣誉：国家科学技术进步奖

“ “人工智能促进社会的发展。” —— 李四”

图 3-4　嘉宾介绍效果图

3.3.5　构建议程展示模块

在 HTML 中，主要使用以下几个标签来构造会议议程的表格展示，代码如下所示。

```
<section id="agenda">
    <h2>会议议程</h2>
    <table>
        <thead>
        <tr>
            <th>时间</th>
            <th>议题</th>
            <th>讲者</th>
            <th>地点</th>
        </tr>
        </thead>
        <tbody>
        <tr>
            <td>早上</td>
            <td>开幕致辞与欢迎</td>
            <td>张教授</td>
            <td>主会场 A</td>
        </tr>
```

```
            <tr>
                <td>下午</td>
                <td>人工智能发展趋势</td>
                <td>李博士</td>
                <td>分会场 B</td>
            </tr>
            <tr>
                <td>晚上</td>
                <td>人工智能技术</td>
                <td>王研究员</td>
                <td>分会场 C</td>
            </tr>
            <!-- 请根据实际议程添加更多行 -->
            </tbody>
        </table>
    </section>
    <hr />
```

<table>用于创建表格,展示二维数据,包含会议议程的时间、议题、讲者和地点等信息。border="1"用于设置表格边框的宽度为 1px,width="100%"用于设置表格宽度为父容器的 100%,cellspacing="0"用于设置单元格之间的间距为 0,cellpadding="5"用于设置单元格内边距为 5px。

<thead>定义表格的表头部分,通常包含行标题,用于包含表头单元格,如时间、议题等列标题。

<tbody>定义表格的主体部分,包含数据内容。本例中为具体的议程条目,如讲者、议题和地点等数据。

<tr>表示表格中的行。每个<tr>定义了一行议程信息,包括时间、议题、讲者和地点等。

<th>表示表头单元格,通常用于定义表格的列标题,包括时间、议题、讲者、地点等。

<td>表示表格的数据单元格,用于存放具体的议程数据,如“早上”“开幕致辞与欢迎”“张教授”等。

浏览器显示结果如图 3-5 所示。 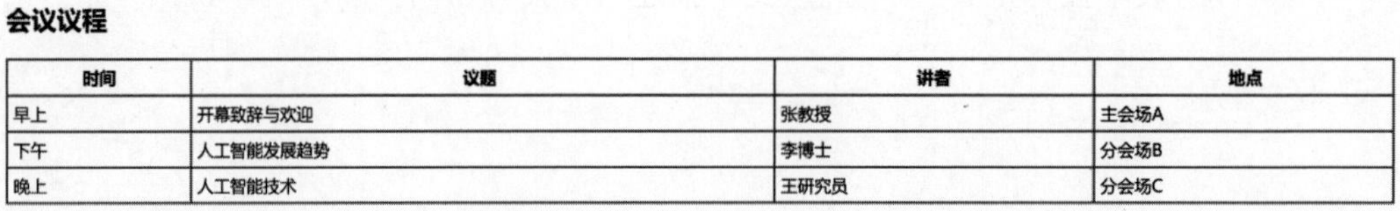

会议议程

时间	议题	讲者	地点
早上	开幕致辞与欢迎	张教授	主会场A
下午	人工智能发展趋势	李博士	分会场B
晚上	人工智能技术	王研究员	分会场C

图 3-5　议程安排介绍效果图

3.3.6　构建在线报名表单

在网页设计中,清晰、有序地展示会议议程是提升用户体验的关键。本节利用

HTML 表格(<table>元素)来构建一个结构化的会议日程展示模块,确保信息的逻辑性和可读性,代码如下所示。

```
<form id="registration" action="#">
    <fieldset>
        <legend>报名表单</legend>
        <label for="name">姓名: <input type="text" id="name"
        name="fullname"></label>
        <label for="email">邮箱: <input type="email" id="email"
        name="email"></label>
        <!-- 类似地添加更多字段 -->
        <input type="checkbox" id="agree" name="terms" required>
        <label for="agree">我同意条款</label>
        <input type="submit">提交</button>
    </fieldset>
</form>
```

<form>定义一个表单,用于接收用户的输入数据,并提交到服务器处理。action="#"是一个占位符,在实际开发中应替换为处理表单数据的服务器端脚本 URL。没有指定方法时,默认为 GET。

<form>标签包含以下常用属性。

(1) action:指定表单提交服务器端处理程序的 URL 地址。

(2) method:指定表单提交的 HTTP 方法,通常是 GET(适用于获取、查询数据等操作)或 POST(适用于提交、修改数据等操作)。

(3) enctype:指定表单提交的编码类型,通常是"application/x-www-form-urlencoded"(默认值)或"multipart/form-data"(用于文件上传)。

(4) target:指定表单提交后的响应在哪个窗口或框架中显示。

<fieldset>将表单中的相关元素分组,常用于逻辑上相关的输入项集合,提高了表单的可读性和可访问性。

<legend>为<fieldset>提供一个标题或说明。本例中是"报名表单",为用户提供该表单项组的上下文信息。

<label>为表单控件定义一个标签(文本描述),增强可访问性和用户体验。

<input>为输入控件,用于收集用户输入的各种类型的数据,它的 type 属性决定了表单元素的类型。type 属性可以为以下值。

(1) text:表示普通文本输入框,用户可输入任意文本。

(2) password:表示密码输入框,用户输入的内容将被遮蔽成星号或圆点符号,用于保护用户密码的安全性。

(3) email:表示电子邮件地址输入框(H5 新增),只允许输入符合电子邮件地址格式的内容,例如,someone@example.com。

(4) url:表示 URL 地址输入框(H5 新增),只允许输入符合 URL 地址格式的内容,例如，http://www.example.com。

(5) number：表示数字输入框(H5 新增)，只允许输入数字类型的内容，例如，123 或 3.14 等。

(6) date：表示日期选择框(H5 新增)，显示一个日历，用户可以选择日期。

(7) checkbox：表示复选框，用户可以选择一个或多个选项，这里用于同意条款。

(8) radio：表示单选框，用户可以在多个选项中选择一个。将多个单选框的 name 属性设置为相同值，可使其成为一组。

(9) file：表示文件上传框，用于选择上传文件。

(10) submit：表示提交按钮，用于提交表单内容给<form>标签 action 属性设定的 URL 地址处理，如果 action 属性未设置值，则提交给本页。

(11) reset：表示重置按钮，用于重置表单内容。

(12) button：表示普通按钮，该按钮不会自动提交表单数据。

(13) hidden：表示隐藏输入框，用于将一些敏感数据在页面上隐藏。

除了 type 属性，还可以设置如下属性。

(1) name：指定元素名称，用于在提交表单时识别该元素。

(2) value：指定元素的值，用于在提交表单时将该元素的值发送到服务器。

(3) placeholder：指定元素的占位符文本，当用户未输入任何内容时会显示该文本(H5 新增)。

(4) disabled：指定元素禁用，当该属性存在时，禁止用户进行任何操作，包括输入、选择、点击等。禁用状态的元素会呈现出灰色，并且不会被提交到服务器。用户可以使用该属性禁用<input>元素所有类型。

(5) readonly：指定元素为只读，当该属性存在时，用户无法编辑该元素的值，但可以查看元素的内容。只读状态的元素不会被呈现为灰色，并且可以被提交到服务器。在<input>元素中，只有文本框、密码框和文本区域支持该属性。

(6) required：指定表单控件是否为必填项。当该属性存在时，用户必须填写该表单控件才能提交表单。如果用户未填写必填项就试图提交表单，会收到警告或者提示。

(7) pattern：使用正则表达式限制用户输入的内容。

浏览器显示结果如图 3-6 所示。

图 3-6　在线表单效果图

3.3.7　构建互动问答模块

在网页设计中，互动问答板块是增强用户参与度和社区感的重要元素。本节利用 HTML 构建一个简单且有效的问答界面，让用户能够提出问题并与他人互动，代码如下所示。

```
<section>
    <h2>互动问答</h2>
    <form>
        <label for="question">您的问题:
            <textarea id="question" name="question"
                    rows="4" cols="50" maxlength="200" placeholder="在此输入
                    留言...">></textarea></label>
        <input type="submit">提交问题</button>
    </form>
</section>
<hr />
```

<textarea>标签用于创建一个多行文本输入框,用户可以在此输入多行文本信息,其中主要属性如下所示。

rows="4":定义了文本区域的初始可见行数为4行。用户可以通过滚动来输入更多行,但这影响初始显示的高度。

cols="50":定义了文本区域的初始可见列数为50个字符宽度,影响文本区域的初始宽度。

maxlength="200":限制用户在这个文本区域内最多输入200个字符。达到字符限制后,用户无法继续输入。

placeholder="在此输入留言...":这是一个提示信息,当文本区域为空时显示在其中,引导用户输入内容。一旦用户开始输入,提示信息会自动消失。

浏览器显示结果如图3-7所示。

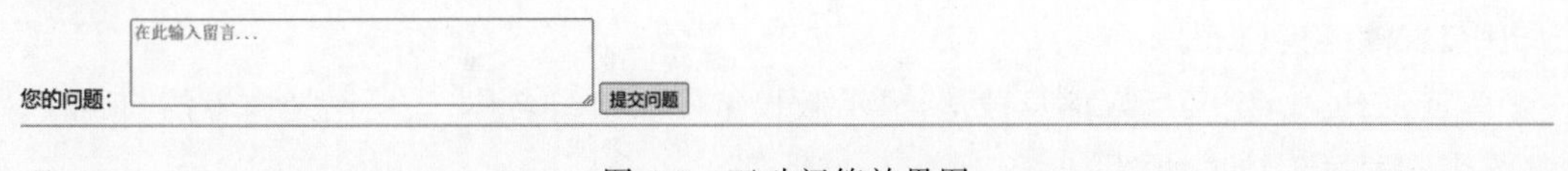

图3-7 互动问答效果图

3.3.8 构建网页底部模块

网页底部区域不仅是展示版权信息、联系方式和社交链接的地方,也是提升用户体验和品牌印象的细节所在。本节利用HTML中的<footer>标签来构建网页底部区域,代码如下所示。

```
<footer>
    <div class="footer-content">
        <dl>
            <dt>关于我们</dt>
            <dd>
                <p>致力于提供高质量的教育资源与技术分享, 促进知识的交流与传播。</p>
            </dd>
```

```
            <dt>联系方式</dt>
              <dd>电子邮件: info@example.com</dd>
              <dd>电话: +86 567 8901 2345</dd>
            <dt>关注我们</dt>
            <dd>
                <ul class="social-media">
                    <li><a href="#">微信</a></li>
                    <li><a href="#">QQ</a></li>
                    <li><a href="#">facebook</a></li>
                </ul>
            </dd>
        </dl>
    </div>
    <div class="copyright">
        <p>Copyright © 2024 国际会议交流中心.</p>
    </div>
</footer>
```

<footer>定义文档或应用的底部区域，常包含版权信息、联系方式等辅助信息。

<div>用于定义一个分区或区域，是最常用的块级元素之一。<div class="footer-content">和<div class="copyright">用于创建两个不同的区域，分别包含详细联系信息和版权声明。

<dl>定义列表，常用于描述术语及其定义，用于组织“关于我们”“联系方式”“关注我们”等信息，其中，<dt>定义术语或标题，分别标记了“关于我们”“联系方式”和“关注我们”的标题，<dd>定义描述或详细信息，包含了关于公司的描述、联系方式的详细信息以及社交媒体链接列表。

<copyright>定义版权信息段落，显示版权年份和组织名称，表明网站内容的归属权。

浏览器显示结果如图 3-8 所示。

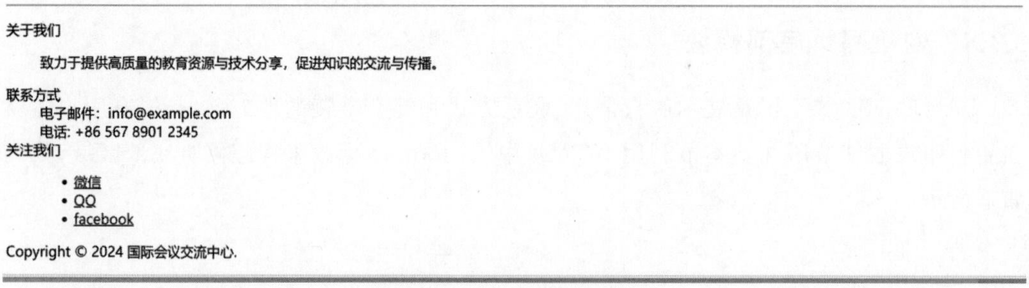

关于我们

致力于提供高质量的教育资源与技术分享，促进知识的交流与传播。

联系方式
电子邮件：info@example.com
电话: +86 567 8901 2345
关注我们

- 微信
- QQ
- facebook

Copyright © 2024 国际会议交流中心.

图 3-8　页面底部效果图

综上所述，本节成功设计并实现了关于某“国际学术会议”官方网站的报名及议程展示页面，该网站包含会议介绍、嘉宾阵容、详细议程、在线报名表单及互动问答等部分，网页整体效果图如图 3-9 所示。

会议首页 / 会议议程 / 会议嘉宾 / 会议报名 / 组织机构 / 联系我们

2024年国际人工智能学术会议

希望为广大从事智能科学与技术、人工生命及相关智能信息处理的专家、学者和研究生提供学术交流的平台，推动我国智能信息处理、人工生命与合成生物学的交叉、融合与发展。热烈欢迎国内外相关领域的专家学者莅临会议。

会议宣传照片

张三教授

计算机科学领域专家

- 论文“AI发展趋势”
- 荣誉：国家科学技术进步奖

“"科研的真谛在于探索未知。"— 张三”

李四教授

计算机科学领域专家

- 论文“AI发展趋势”
- 荣誉：国家科学技术进步奖

“"人工智能促进社会的发展。"— 李四”

会议议程

时间	议题	讲者	地点
早上	开幕致辞与欢迎	张教授	主会场A
下午	人工智能发展趋势	李博士	分会场B
晚上	人工智能技术	王研究员	分会场C

报名表单

姓名：［ ］ 邮箱：［ ］ ☐ 我同意条款 提交

互动问答

您的问题：在此输入留言… 提交问题

关于我们

致力于提供高质量的教育资源与技术分享，促进知识的交流与传播。

联系方式

电子邮件：info@example.com
电话：+86 567 8901 2345

关注我们

- 微信
- QQ
- facebook

Copyright © 2024 国际会议交流中心.

图 3-9 网页整体效果图

3.4 注意事项

(1) 表单元素和属性要完整，确保每个表单元素（例如，<input>）都有适当的类型（例如，text、password、email、tel 等）和必要的属性（例如，name 用于标识字段名，required 用于标记必填项）。

(2) 在设计网页架构时，精确使用 HTML5 的语义化标签，进一步增强辅助技术，例如，浏览器的解析能力。

3.5 实践任务

个人简历表单在收集用户的个人简历信息方面十分重要，方便企业进行后续的招聘、项目合作等事务。表单内容主要包括个人基本信息、教育背景、奖励情况、专业技能以及自我评价等。同时，利用 HTML5 技术对数据进行前端验证，确保数据的正确性和合法性。表单内容要求如下所示。

(1) 个人基本信息：姓名、性别、出生年月、籍贯、兴趣爱好(可多选)、住址、联系电话。

(2) 教育背景毕业院校：所学专业、专业排名/GPA(选填)、学历(例如，本科、硕士等)。

(3) 奖励情况：项目/竞赛名称、获奖等级(例如，一等奖、二等奖等)、获奖时间、课程成绩(可上传成绩单截图或填写关键课程成绩)。

(4) 专业技能：技能名称(例如，编程语言)以及掌握程度(例如，初级、中级、高级等)。

(5) 相关工作经验/项目：可描述与该技能相关的具体项目或经验。

(6) 自我评价：用户可在此处填写对自己的评价，包括优势、劣势等。

表单下方设置“提交”按钮，用户填写完所有信息后，可以点击按钮提交表单。

第 4 章　CSS 技术实践

4.1　知 识 简 介

4.1.1　CSS 概述

视频讲解

CSS(Cascading Style Sheets,层叠样式表)是一种用于网页设计的语言。它用于控制网页的外观和布局,例如,字体、颜色、大小、位置等。与 HTML 定义网页的内容不同,CSS 用来定义网页的样式。

CSS 语法规则由选择器(Selectors)和声明块组成。选择器指定要应用样式的 HTML 元素,声明块包含要应用的样式属性和值。图 4-1 是一个 CSS 语法规则示例。

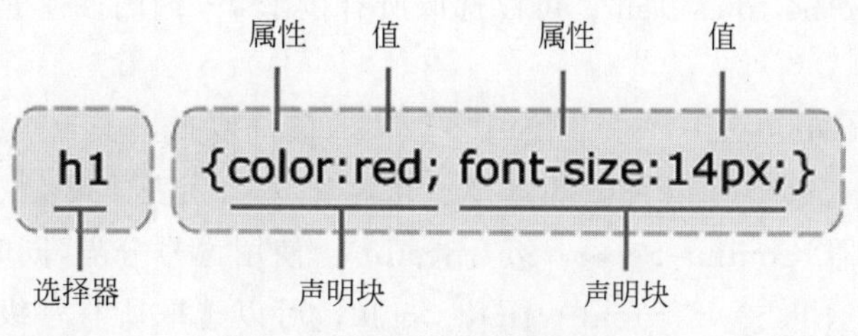

图 4-1　CSS 语法规则示例

选择器用来指定需要应用样式的 HTML 元素,可以基于元素类型、类名、ID、属性等进行选择,以便在网页中为不同类型的元素设置不同的样式。

声明块由一对花括号包裹,包含一条或多条声明,每个声明由一个属性和一个值组成。每个属性-值对都由一个冒号分隔,多个属性-值对之间用分号分隔。

属性是指要设置样式的类型,例如,字体颜色、字体大小、背景颜色等。

属性值是指要应用到属性的具体样式。例如,如果要设置字体大小,可以使用像素(px)、点(pt)、百分比(%)等单位来指定大小值。

在 Web 开发中,CSS 样式是控制网页布局和样式的重要工具。当开发者需要将样式应用到网页中时,可以使用不同的方式引用 CSS 样式。CSS 提供了 4 种引用方式,分别为外部样式表、内部样式表、内联样式和@import 方式。

对比 4 种 CSS 样式引用方式,外部样式表为最常用的方式,它将 CSS 代码从 HTML 文档中独立出来,使得样式和内容分离,方便用户维护和修改样式。内部样式表和内联样式一般用于只需要少量样式的情况,或者特定元素需要个性化样式的情况。@import 方式相对来说不太常用,因为它会增加页面的请求次数和加载时间,而且在一些浏览器中,如果使用了@import 方式,可能导致样式表的渲染顺序出现问题。

4.1.2 CSS 选择器

CSS 选择器是一种用于选择 HTML 元素并对其应用样式的语法，它允许用户根据元素的标签名称、类、ID、属性和其他标识符来选择元素。

要将 CSS 样式应用于指定的 HTML 元素，可使用 CSS 选择器选择该元素，然后在 CSS 代码中指定要应用的样式属性和值，常用的选择器如下所示。

(1) 元素选择器(Element Selector)：可以直接通过元素名来选取页面上的所有该类型元素。例如，p {color：blue;}可以选取所有段落元素，将其文本颜色设置为蓝色。

(2) 类选择器(Class Selector)：使用"."加上类名来选取具有指定类的所有元素。例如，.highlight {background-color：yellow;}可以选取拥有类名为 highlight 的元素，设置背景色为黄色。

(3) ID 选择器(ID Selector)：使用"#"加上 ID 名来选取具有唯一 ID 的元素。例如，#header {font-size：24px;}可以选取 ID 为 header 的元素，设置字体大小为 24px。

(4) 后代选择器(Descendant Selector)：通过空格分隔，选取指定元素的后代元素。例如，div p {margin-bottom：1em;}可以选取所有位于 div 内的段落元素，设置底部外边距为 1em。

(5) 子选择器(Child Selector)：使用">"符号，仅选取直接子元素。例如，ul>li {list-style：none;}可以选取所有 ul 元素的直接子元素 li，去除列表样式。

(6) 并集选择器(Comma-Separated Selector)：使用逗号分隔，同时选择多个选择器匹配的元素。例如，h1、h2、h3 {font-weight：bold;}可以选取所有一级、二级、三级标题，设置字体加粗。

(7) 属性选择器：根据元素的属性及属性值选择元素。例如，[target="_blank"] {color：red;} 可以选取所有带有 target="_blank"属性的链接，将其颜色设置为红色。

(8) 伪类(Pseudo-Classes)：用于表示元素的特殊状态，包括：hover，：active，：first-child 等。例如，a:hover {text-decoration：underline;}表示当鼠标指针悬停在链接上时，显示下画线。

(9) 伪元素(Pseudo-Elements)：用于创建元素的某些部分或状态，包括::before，::after，::first-letter 等。例如，p::first-letter {font-size：2em;}可以选取每个段落的第一个字母，设置字体大小为 2 倍行高。

在实际使用中，用户需要根据具体情况选择合适的选择器和组合方式，以达到最优的效果。

4.1.3 CSS Grid 布局

CSS Grid 布局，又称网格布局，是 CSS3 规范的一部分，于 2017 年正式成为 W3C 推荐标准。它引入了一种二维布局系统，将网页划分成一个个网格，并且可以任意组合不同的网格以达到各种各样的布局效果。Grid 布局可以同时处理行和列，使得元素可以放置在与这些行和列相关的位置上，Grid 布局中的基础概念如下所示。

(1) Grid Container：定义一个区域作为网格容器，内部可以布局子元素。

(2) Grid Items：网格容器内的子元素，它们将按照网格布局排列。

4.2 实践目的

通过本次实践，加深读者对 CSS Grid 布局这一强大二维布局模型的理解，熟练掌握在实际项目中规划与实现复杂的网页布局的技能，培养面向响应式设计的思维方式。

4.3 实践范例

随着互联网技术的不断发展，网页设计的复杂性和美观性需求日益增加。传统的布局方法在应对复杂布局时显得力不从心，因此，CSS Grid 布局技术应运而生，它提供了一个更加高效、灵活的二维布局系统。在本次实践范例中，利用 CSS Grid 布局技术来创建一个简单的网站首页布局，包括 Logo 与导航条、通知公告、新闻咨询、推荐咨询、热点图文、底部版权信息，下面是详细的实践步骤。

4.3.1 构建 HTML 网页结构

在构建网页中，HTML 扮演着蓝图的角色，本次实践为网站首页搭建一个基本的结构，包括页面头部、通知、新闻、推荐内容、热点图文等，直到底部版权信息。代码如下所示。

```
<body>
<div class="grid-container">
    <div class="header">Logo & 导航条</div>
    <div class="announcement">通知公告</div>
    <div class="news">新闻咨询</div>
    <div class="featured">推荐咨询</div>
    <div class="hotspot">热点图文</div>
    <div class="footer">底部版权信息</div>
<!-- 可以有更多的子元素 -->
</div>
</body>
```

<div class="grid-container">...</div>：整个页面布局的容器，使用 CSS Grid 系统来布局页面的各部分。

<div class="header">Logo & 导航条</div>：代表网站的头部区域，通常包含 Logo、网站标题和主导航菜单。

<div class="announcement">通知公告</div>：用于显示网站的即时通知或者重要消息，可能包括新功能介绍、维护信息等。

<div class="news">新闻咨询</div>：这部分用来展示新闻或资讯文章摘要，可能是最新发布的内容。

<div class="featured">推荐咨询</div>：特色或推荐内容区域，通常用于突出展示

精选、热门或编辑推荐的项目。

<div class="hotspot">热点图文</div>：热点图文部分，展示热门或点击率高的图文内容，强调视觉和互动性。

<div class="footer">底部版权信息</div>：页面底部，通常包含版权信息、联系方式、法律条款链接、快速导航等辅助信息。

4.3.2 开启 Grid 布局触发器

在 CSS 中要启用 Grid 布局，需要在容器元素上设置 display：grid 或者 display：inline-grid，把该元素变成一个网格容器，并使其直接子元素成为网格项，代码如下所示。

```
<style>
  .grid-container {
    display: grid;          /* 开启 Grid 布局 */
  }
</style>
```

上面的示例中，grid-container 类被应用到了一个<div>元素上，并且该元素的 display 属性被设置为了 grid。这意味着这个<div>元素现在是一个网格容器，它的直接子元素会成为网格项。

4.3.3 设置行列

在 CSS Grid 布局中，使用 grid-template-columns 和 grid-template-rows 属性来定义网格的列宽和行高。定义和操作 Grid 中的列宽与行高的具体方法如下所示。

(1) repeat()函数：提供了一种优雅的解决方案，有效减少代码量并提升可读性。例如，repeat(3,1fr)等效于书写“1fr”三次，快速定义了三个等宽的列。

(2) 自适应：当设置为 auto 时，项目大小将根据其内容自动调整，这是响应式设计中的重要策略。

(3) fr 单位：引入了“剩余空间分配”的概念，允许网格项根据比例共享容器的可用空间，例如，1fr 代表一份可用空间，2fr 则是两份。

(4) 内容感知尺寸控制：minmax()、max()、min-content、max-content 等函数使布局能智能地响应内容尺寸变化，确保元素既不会过度收缩也不会溢出。例如，grid-template-columns：repeat(auto-fill,minmax(100px,1fr))；表示自动填充列，设置每列最小宽度为 100px，之后按比例分配剩余空间。

(5) 百分比定义：确定总列宽或行高百分比时，确保所有定义的百分比之和不超过 100%，且需考虑 grid-gap 对总宽度的影响。

本次实践中，使用百分比设置行列，代码如下所示。

```
<style>
  .grid-container {
     display: grid;                    /* 开启 Grid 布局 */
     grid-template-rows:24% 24% 24% 24%;
```

```
        /* 定义四行, 每行都占据容器高度的 24% */
        grid-template-columns:34% 34% 30%;
        /* 定义三列, 前两列各占 34%, 最后一列占 30% */
    }
</style>
```

上述代码创建了一个四行和三列的布局,并且每个行和列都占据容器的一定百分比宽度或高度。

4.3.4 设置网格间距

在 CSS Grid 布局中,网格间距属性可以通过 grid-gap 属性设置,该属性接受两个值,分别用于指定行间距(Row-gap)和列间距(Column-gap),代码如下所示。

```
<style>
.grid-container {
  display: grid;                    /* 开启 Grid 布局 */
        grid-template-rows:24% 24% 24% 24%;
        /* 定义四行, 每行都占据容器高度的 24% */
        grid-template-columns:34% 34% 30%;
        /* 定义三列, 前两列各占 34%, 最后一列占 30% */
        grid-gap: 10px 10px;        /* 行间距和列间距都是 10px */
  }
</style>
```

上述代码定义了行间距和列间距,每一行和列之间的间距为 10px。

4.3.5 定义区域

在 CSS Grid 布局中使用 grid-area 属性和 grid-template-areas 属性为网格项目命名并定义网格区域的布局。grid-area 属性用于将 HTML 元素与 grid-template-areas 中定义的区域名称关联起来。grid-template-areas 使用字符串模板定义了网格区域的布局。每个字符串代表一行,字符串中的每个单词代表一个网格项目区域。

(1) 使用 grid-template-areas 定义网格区域,其属性允许在网格布局中定义一系列的区域,每个区域通过字符串名称来标识,这些名称之间用空格分隔。区域名称可以跨越多行或多列,通过连续的名称实现,代码如下所示。

```
<style>
  .grid-container {
        display: grid;              /* 开启 Grid 布局 */
        grid-template-rows:24% 24% 24% 24%;
        /* 定义四行, 每行都占据容器高度的 24% */
        grid-template-columns:34% 34% 30%;
        /* 定义三列, 前两列各占 34%, 最后一列占 30% */
        grid-gap: 10px 10px;        /* 行间距和列间距都是 10px */
        grid-template-areas:
```

```
        'header header header'
        'announcement news featured'
        'hotspot hotspot featured'
        'footer footer footer';
  }
</style>
```

上述代码通过 grid-template-areas 定义了网格的布局区域。每行代表一个实际的网格行，引号内的单词对应于网格区域的名称，它们之间的空格表示区域的边界。例如，第一行'header header header'表示顶部三列都被命名为“header”。“featured”区域跨越了第二行的第三列和第三行的最后两列，展现了 Grid 布局的灵活布局能力。

（2）使用 grid-area 为网格项目分配区域，在网格项上使用 grid-area 属性，指定它们应该放置在之前定义的哪个区域，代码如下所示。

```
<style>
  .grid-container {
      display: grid;                         /* 开启 Grid 布局 */
      grid-template-rows:24% 24% 24% 24%; /* 定义四行，每行都占据容器高度的 24% */
      grid-template-columns:34% 34% 30%; /* 定义三列，前两列各占 34%，最后一列占
                                            30% */
      grid-gap: 10px 10px;                   /* 行间距和列间距都是 10px */
      grid-template-areas:
          'header header header'
          'announcement news featured'
          'hotspot hotspot featured'
          'footer footer footer';
}
      .header{ grid-area:header; }
      .announcement{ grid-area:announcement; }
      .news{ grid-area: news; }
      .featured{ grid-area: featured; }
      .hotspot{ grid-area: hotspot ; }
      .footer{ grid-area: footer; }
</style>
```

在上述代码中，使用 grid-area 属性为每个网格项目分配之前定义好的网格区域。

4.3.6 网站首页布局效果展示

为了进一步完善网站首页的布局和视觉呈现，新增了一些 CSS 样式代码段，最终示例代码如下所示。

```
<head>
    <meta charset="UTF-8">
    <meta name="viewport" content="width=device-width, initial-scale=1.0">
    <title>首页布局示例</title>
```

```
    <style>
        .grid-container {
            margin: 0px auto;
            background-color: hotpink;
            width: 100%;
            height: 750px;
            display: grid;                      /* 开启 Grid 布局 */
            grid-template-rows:24% 24% 24% 24%;
            /* 定义四行，每行都占据容器高度的 24% */
            grid-template-columns:34% 34% 30%;
            /* 定义三列，前两列各占 34%，最后一列占 30% */
            grid-gap: 10px 10px;                /* 行间距和列间距都是 10px */
            grid-template-areas:
          'header header header'
          'announcement news featured'
          'hotspot hotspot featured'
          'footer footer footer';
        }
        .header{ grid-area:header; }
        .announcement { grid-area:announcement; }
        .news { grid-area: news; }
        .featured { grid-area: featured; }
        .hotspot { grid-area: hotspot ; }
        .footer{ grid-area: footer; }
        .grid-container div{
            background-color: pink;
            font-family: "Microsoft JhengHei UI Light";
            font-size: 32px;
            text-align: center;
        }
    </style>
</head>
<body>
<div class="grid-container">
    <div class="header">Logo & 导航条</div>
    <div class="announcement">通知公告</div>
    <div class="news">新闻咨询</div>
    <div class="featured">推荐咨询</div>
    <div class="hotspot">热点图文</div>
    <div class="footer">底部版权信息</div>
</div>
</body>
```

运行上述代码后，网站首页的布局效果如图 4-2 所示。

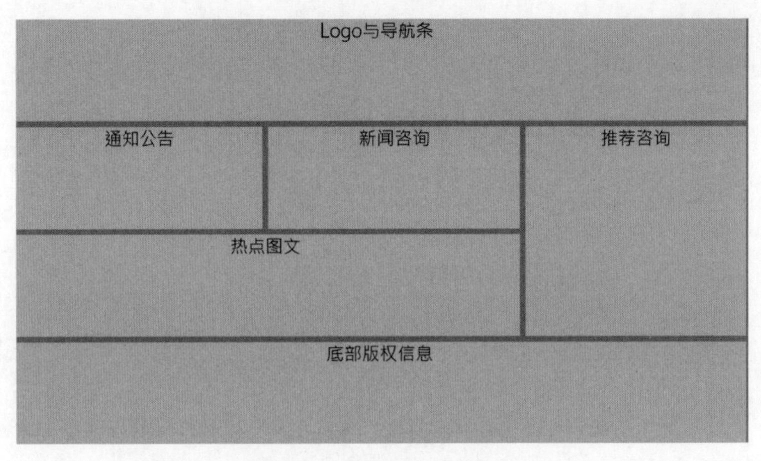

图 4-2　网站首页布局

4.4　注意事项

(1) 确保子元素与 grid-template-areas 定义的区域名匹配，否则布局可能不按预期显示。

(2) 注意 grid-gap 和容器尺寸的设置，以避免内容溢出或布局间距过大影响视觉效果。

4.5　实践任务

携程网作为一个大型在线旅游服务平台，其页面布局和设计通常经过精心设计与优化，本次实践任务要求使用 CSS Grid 布局来模拟携程旅游前台首页的某个区块，通过 CSS Grid 布局来安排区块内部的元素位置。该首页内容主要包含以下部分。

(1) 顶部导航栏：包括携程的标志、搜索框、登录/注册链接等。

(2) 广告区：展示一系列有吸引力的旅游目的地或优惠活动广告。

(3) 主要旅游目的地：展示一系列热门的旅游目的地。

(4) 旅游度假产品分类区：列出不同类型的旅游度假产品。

(5) 特惠活动区：展示当前正在进行的特惠活动或促销信息，以吸引用户点击并预订。

(6) 热门目的地攻略：分享热门旅游目的地的旅游攻略。

(7) 底部信息区：包括携程公司的联系方式、客服支持、社交媒体链接、版权信息等。

根据上述信息，请读者练习使用 CSS Grid 布局来模拟该页面的基本结构。

第 5 章　JavaScript 技术实践

5.1　知 识 简 介

5.1.1　JavaScript 概述

视频讲解

JavaScript(简称 JS)是一种高级编程语言,用于 Web 开发和其他应用程序中的客户端和服务器端编程。JavaScript 最初由 Netscape 公司的 Brendan Eich 在 1995 年创建,它是一种面向对象的脚本语言,不需要编译就可以在 Web 浏览器中运行,并且可以与 HTML 和 CSS 一起使用来实现具有交互性的 Web 页面。JavaScript 由三部分组成,下面对这三部分进行简单介绍。

(1) ECMAScript:一种标准化的脚本语言规范,最初由欧洲计算机制造商协会(ECMA)制定。其定义了 JavaScript 的核心语法、数据类型、控制结构、函数、对象等基本特性,以及一些新的语言特性,例如,模块化、箭头函数、类、异步函数等。如果读者想要查看 ECMAScript 的最新规范,可参考 ECMAScript 官方网站。

(2) DOM(Document Object Model,文档对象模型):定义如何访问和操作 HTML 文档中的元素,使得 JavaScript 可以与 Web 页面进行交互。

(3) BOM(Browser Object Model,浏览器对象模型):定义与浏览器交互的对象和方法,用户可以通过 BOM 对浏览器窗口进行操作(例如,刷新窗口、弹出对话框等)。

要使用 JavaScript,需要将其引入 HTML 文件中。JavaScript 的引入方式主要有三种,分别是内部引入、外部引入和行内引入。

5.1.2　HTML DOM 操作

在 Web 开发中,文档对象模型(Document Object Model,DOM)扮演着举足轻重的角色。它是网页的结构化表示形式,允许程序和脚本动态地访问、修改网页内容、结构和样式。通过 JavaScript 操作 DOM,可以赋予网页交互性与生命力。

DOM 将 HTML 文档视作一个节点树结构,其中每个元素、属性、文本都是树中的一个节点,如图 5-1 所示。根节点通常是<html>元素,从它开始,整个文档被组织成一系列嵌套的节点。理解这一结构是进行 DOM 操作的前提。

要对页面上的元素进行操作,先得获取它们。JavaScript 提供了多种方法来选取 DOM 元素,包括但不限于以下几种。

(1) 通过 ID 获取:使用 document.getElementById('elementId'),精确获取带有指定 ID 的元素。

(2) 通过类名获取:使用 document.getElementsByClassName('className'),可以获取具有特定类名的所有元素集合。

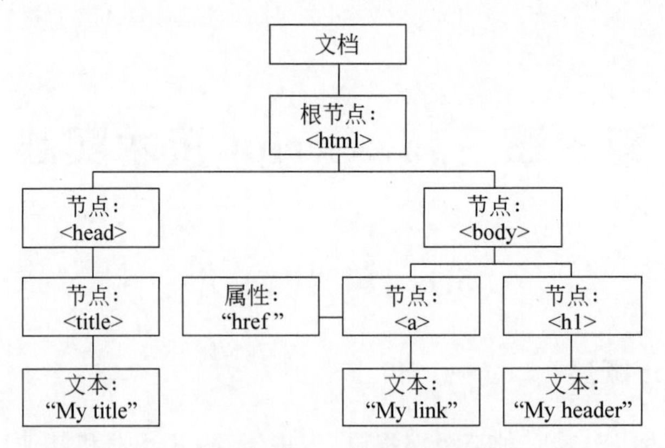

图 5-1　HTML DOM 树的结构

(3) 通过标签名获取:使用 document.getElementsByTagName('tagName'),返回所有指定标签名的元素集合。

(4) 使用 querySelector 系列:更加灵活的选择器,例如,使用 document.querySelector('.className')可以返回匹配指定 CSS 选择器的第一个元素,而使用 document.querySelectorAll()可以返回所有匹配的元素集合。

获取元素后,即可对其进行修改,从而实现动态效果。常见的修改方式包括以下几种。

(1) 修改内容:通过.textContent 或.innerHTML 属性,可以改变元素的文本内容或 HTML 结构。例如,使用"element.textContent = '新内容'"仅可以替换文本,而使用"element.innerHTML = '<strong>新内容</strong>'"则可以插入 HTML 标签。

(2) 修改属性:使用.setAttribute('attributeName','value')可以设置元素的属性值,例如,改变图片的 src 属性。使用.removeAttribute('attributeName')则可以移除属性。

(3) 添加/删除元素:可以使用 document.createElement('tagName')创建新元素,然后使用 appendChild()或 prependChild()将其添加到父元素内。移除元素则可以通过 removeChild()实现。

DOM 操作往往与事件处理紧密相关。通过为元素绑定事件监听器,可以响应用户的动作,例如,点击、鼠标指针悬停等。

5.2 实践目的

通过该实践,加深读者对 DOM 操作及事件处理机制的掌握,培养 JavaScript 编程技能和逻辑思维能力,提高网页的动态交互体验。

5.3 实践范例

在现代高等教育体系中,毕业生的就业状况是衡量教育质量与市场需求匹配度的重要指标之一。为了高效地收集、管理和分析毕业生的就业数据,提高就业指导工作的针对性和有效性，本次实践旨在开发一个简单的毕业生就业信息管理模块，具体功能如下所示。

(1) 录入功能：允许管理员或毕业生便捷地录入个人基本信息及就业信息。

(2) 数据显示：实时展示录入的就业信息，包括姓名、年龄、性别、薪资、就业城市等，以表格形式呈现。

(3) 数据验证：在信息录入过程中，实施基本的数据验证，确保提交的信息完整且格式正确。

(4) 删除功能：提供选项以便于管理已录入的就业信息，允许删除不再需要的记录。

5.3.1 界面设计与布局

本次实践通过 HTML 与 CSS 设计并实现一个既实用又美观的界面，用于毕业生就业信息的录入与展示。界面将包含两个核心部分：一个是表单，用于收集基本信息，另一个是表格，用于展示已录入的就业数据。

表单部分涵盖了姓名、年龄、性别、薪资以及就业城市的输入项，性别与就业城市通过下拉选择框提供选项，最后配备一个提交按钮以完成数据录入。紧接着是一个表格，用于展示录入的就业信息，包含学号、姓名、年龄、性别、薪资、就业城市及操作列，其中操作列预留空间以供未来实现数据管理功能，HTML 代码如下所示。

```
<!DOCTYPE html>
<htmllang="en">
<head>
    <meta charset="UTF-8">
    <title>Title</title>
    <link rel="stylesheet" href="./style.css">
</head>
<body>
<h1>毕业生就业情况统计</h1>
<form class="info">
    姓名:<input type="text" class="uname" name="uname" />
    年龄:<input type="text" class="age" name="age" />
    性别:<select name="gender" class="gender">
          <option value="男">男</option>
          <option value="女">女</option>
        </select>
    薪资:<input type="text" class="salary" name="salary" />
    就业城市:<select name="city" class="city">
    <option value="北京">北京</option>
    <option value="上海">上海</option>
    <option value="深圳">深圳</option>
    <option value="广州">广州</option>
</select>
    <button class="add">录入</button>
```

```
</form>
<h1>就业信息</h1>
<table>
    <thead>
    <th>学号</th>
    <th>姓名</th>
    <th>年龄</th>
    <th>性别</th>
    <th>薪资</th>
    <th>就业城市</th>
    <th>操作</th>
    </thead>
    <tbody>
    </tbody>
</table>
</body>
</html>
```

根据以上 HTML 页面代码，为提升用户体验，通过外部 CSS 文件 styles.css 对界面进行美化，确保布局合理、视觉舒适。CSS 代码如下所示。

```
/* 设置整体布局 */
body {
    font-family: Arial, sans-serif;
}
/* 标题样式 */
h1 {
    text-align: center;
    margin-bottom: 20px;
}
/* 表单样式 */
.info form {
    display: flex;
    flex-direction: column;
    align-items: center;
}
.info input[type="text"],
.info select {
    width: 150px;
    padding: 5px;
    margin-bottom: 20px;
}
.info button.add {
    background-color: #4CAF50;
    color: white;
```

```
    padding: 10px 20px;
    border: none;
    cursor: pointer;
}
/* 按钮样式 */
.info button:hover {
    background-color: #45a049;
}
/* 表格样式 */
table {
    width: 100%;
    border-collapse: collapse;
}
th, td {
    border: 1px solid #ddd;
    padding: 4px;
    text-align: left;
}
th {
    background-color: #f2f2f2;
    font-weight: bold;
}
tr:nth-child(even) {
    background-color: #f2f2f2;
}
tr:hover {
    background-color: #ddd;
}
/* 删除按钮样式 */
td a {
    display: inline-block;
    padding: 2px 5px;
    background-color: red;
    color: white;
    border-radius: 5px;
    text-decoration: none;
}
td a:hover {
    background-color: darkred;
}
```

在当前目录下新建一个 styles.css 文件，将以上 CSS 代码复制到该文件中，并在 HTML 文件中引用该 CSS 文件。在 HTML 文件的<head>部分添加以下代码。

```
<link rel="stylesheet" href="styles.css">
```

通过上述 HTML 结构与 CSS 样式的结合，构建了一个清晰、易用的界面，既便于用户录入就业信息，又能直观展示数据。最终，呈现在浏览器中的整体界面效果图将如图 5-2 所示。

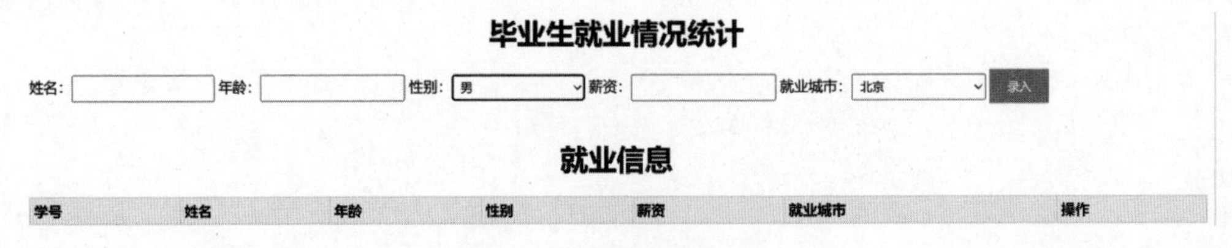

图 5-2　整体界面效果图

5.3.2　表单提交事件

本节将介绍通过 JavaScript 增强网页的交互性，专注于处理毕业生就业信息表单的提交事件，为后续的表单验证、数据处理与展示打下基础，具体步骤如下所示。

创建一个名为 script.js 的文件，用于存放 JavaScript 逻辑代码。这个文件将与 HTML 文件协同工作，实现对表单提交行为的控制。以下是在 script.js 文件中应添加的代码。

```
//1.获取 HTML 的元素
const uname=document.querySelector('.uname')
const age=document.querySelector('.age')
const gender=document.querySelector('.gender')
const salary=document.querySelector('.salary')
const city=document.querySelector('.city')
const tbody=document.querySelector('tbody')
//获取所有带 name 属性的元素
const items=document.querySelectorAll('[name]')
//声明一个空数组，保存毕业生就业信息数据
const arr=[];
//获取 form 表单
const info=document.querySelector('.info')
//编写监听表单提交事件，阻止自动提交
info.addEventListener('submit', function (e){
    //阻止默认行为，不跳转
    e.preventDefault()
})
```

上述代码通过 querySelector 选取了表单元素，并声明了一个数组 arr 用于存储就业信息。接着，通过 addEventListener 为表单绑定了 submit 事件监听器，当表单提交时，会触发一个事件处理器。在该处理器中，event.preventDefault()阻止了表单的默认提交动作，避免页面刷新。

在当前目录下新建一个 script.js 文件，将以上的 JavaScript 代码复制到该文件中，并在 HTML 文件中正确引用该 JS 文件。在 HTML 文件的<head>或<body>标签结束前

添加如下代码。

```
<!-- 引入 script.js 文件 -->
<script src="script.js"></script>
```

本次实践范例中提供的 HTML 模板中包含了引入外部 JavaScript 文件的基本结构。代码<script src="script.js"></script>就是用来引用 script.js 文件的,而这句代码的前提是 script.js 文件与 HTML 文件位于同一目录下。如果 script.js 位于其他目录,请确保使用正确的相对路径或绝对路径来指定文件的位置。例如,如果 script.js 位于一个名为 js 的子目录中,路径应改为<script src="js/script.js"></script>。

5.3.3 实现表单录入验证

通过 JavaScript 增强表单的交互性,实现用户输入数据的基本验证,以确保所有必填项均已被恰当填写。在已有的 script.js 文件中,为表单提交事件绑定了一个监听器,旨在阻止默认的页面刷新行为,并在此基础上添加了数据验证逻辑。在表单监听事件中的新增代码如下所示。

```
//编写监听表单提交事件,阻止自动提交
info.addEventListener('submit', function (e){
    //阻止默认行为,不跳转
    e.preventDefault()
    //进行表单验证,如果不通过直接中断,不需要添加数据
    for(let i=0;i<items.length;i++){
        if (items[i].value===''){
            return alert('输入内容不能为空')
        }
    }
    //如果通过验证, 此处可添加处理逻辑, 如将数据添加到数组或发送至服务器
})
```

录入验证包括以下两部分。

(1) 遍历验证:通过 for 循环,对表单中的每个元素进行逐一检查,确保没有遗漏,items 数组中包含了表单中所有需要验证的输入项。

(2) 空值检测:使用 if (items[i].value === '')判断用户是否留下了空值,以此作为必填项的标准。一旦发现空项,立即通过 alert 弹窗提醒用户"请输入完整信息后再提交",并使用 return 语句中断函数执行,有效阻止了未完整填写表单的提交。

通过上述功能的实现,不仅提升了用户体验,确保了数据的完整性,也为后续的数据处理流程打下了坚实的基础。在浏览器中预览此页面,用户将直观地看到一个响应式的表单验证机制,如图 5-3 所示,任何未完整填写的表单都将被即时拦截并给用户清晰的反馈。

5.3.4 实现信息录入功能

在用户成功提交表单并通过验证之后,根据用户录入的相关数据,新增一个用户对

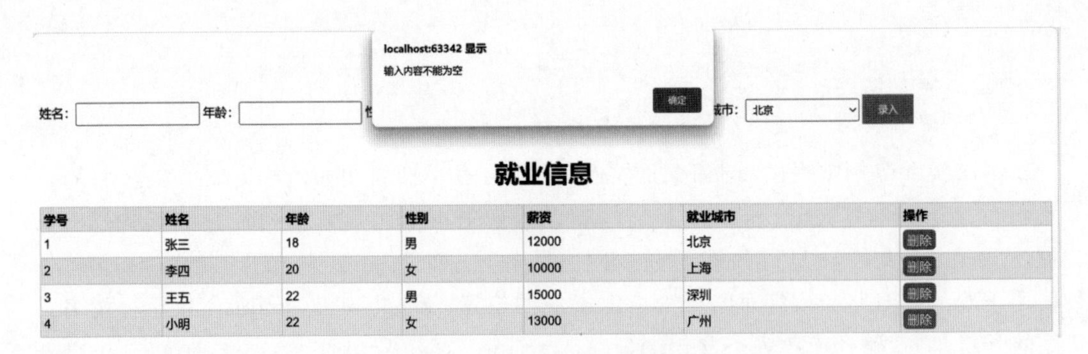

图 5-3　表单输入验证效果图

象,并将该用户追加到 arr 数组中。在已有的表单提交事件处理逻辑之后,追加如下代码。

```
//创建新对象
    const obj={
        stuId:arr.length+1,
        uname:uname.value,
        age:age.value,
        gender:gender.value,
        salary:salary.value,
        city:city.value
    }
    //在数组中追加数据
    arr.push(obj)
    //清空表单
    this.reset()
```

上述代码相关功能如下所示。

(1) 数据存储：obj 用于存储用户提交的就业信息。每个属性对应表单中的一个用户输入的姓名、年龄、性别、薪资和就业城市。

(2) 数据持久化：通过 arr.push(obj)将封装好的用户对象添加到全局数组 arr 中,实现了信息的持久存储,使得每次收到表单后,能记住并累积所有用户输入的历史记录。

(3) 表单重置：this.reset()调用表单的重置方法,清除了所有输入字段,为下一轮数据录入做好准备,提高了用户体验,使得用户无须手动清理输入框,即可开始新的数据录入过程。

通过以上步骤,不仅实现了用户信息的即时捕获与存储,还确保了界面的即时反馈,使得用户在连续录入信息时更加流畅与便捷。

5.3.5　实现数据显示功能

本节的主要目的是实现数据的直观展示,确保用户录入的信息能够即时反映在网页界面上。核心在于设计一个高效的渲染机制,以数据数组 arr 为蓝本,更新表格视图,代码如下所示。

```
//渲染函数
function render(){
    //先清空 tbody, 把最新数组里面的数据渲染完毕
    tbody.innerHTML=''
    for(let i=0;i<arr.length;i++){
        //创建一个新的表格行<tr>元素
        const tr=document.createElement('tr')
        tr.innerHTML=`
        <td>${arr[i].stuId}</td>
        <td>${arr[i].uname}</td>
        <td>${arr[i].age}</td>
        <td>${arr[i].gender}</td>
        <td>${arr[i].salary}</td>
        <td>${arr[i].city}</td>
        <td>
          <a href="javascript:" data-id=${i}>删除</a>
        </td>
        `
        tbody.appendChild(tr)
    }
```

通过上述 render 函数，系统能够根据 arr 数组的实时状态重构表格内容，确保界面展示与底层数据保持同步。此过程先清空旧的表格行，避免数据重复；随后逐条迭代数组，为每条记录生成一行表格，其中包含详细的用户信息及一个便捷的“删除”链接；最后，利用 data-id 属性标记，以便进行精确的交互控制。

为了保证新录入的信息即刻反映于界面，需要在表单提交逻辑的末尾调用 render 函数。这一步骤确保了每当有新数据加入数组 arr，页面上的表格便会刷新，展现出最新数据集，因此新增如下代码。

```
//在数组中追加数据
arr.push(obj)
//清空表单
this.reset()
//重新渲染
render()
```

完成上述配置后，实现了一个响应式的表格界面，不仅实时反映了所有用户录入的信息，还为每条记录配备了删除选项，如图 5-4 所示。

5.3.6 实现删除功能

删除功能实现了用户界面与数据模型的交互，允许用户通过单击表格中的删除链接来移除特定的数据行，并自动更新界面视图，保持界面展示与后台数据的一致性，代码如下所示。

图 5-4　表格数据展示效果图

```
        //删除操作
        tbody.addEventListener('click', function (e){
            if(e.target.tagName==='A'){
                //得到当前元素的自定义属性 data-id
                arr.splice(e.target.dataset.id, 1)
                render()
            }
        })
    }
    </script>
```

上述代码采用事件委托技术,在 tbody 上设置一个事件监听器,而非为每个删除按钮单独设置。这样可以减少事件监听器的数量,提高效率,尤其适用于动态生成的元素。

此外,还要判断触发事件的目标元素(e.target)是否为<a>标签,因为只有当用户单击删除链接时,才需要执行删除操作。

如果用户单击了删除链接,这行代码会从被单击的链接(a 标签)获取其自定义属性 data-id 的值,该属性存储了数组中对应元素的索引。然后,使用 Array.prototype.splice()方法根据这个索引从 arr 数组中移除对应的数据项。上述代码中,splice(index,1)的意思是从 index 位置开始删除 1 个元素。

删除数组中的元素后,立即调用 render 函数重新渲染表格,确保界面上的数据与当前 arr 数组中的内容保持一致,即删除操作的结果能够即时反映在表格上。在浏览器中打开该页面,删除操作效果图如图 5-5 所示。

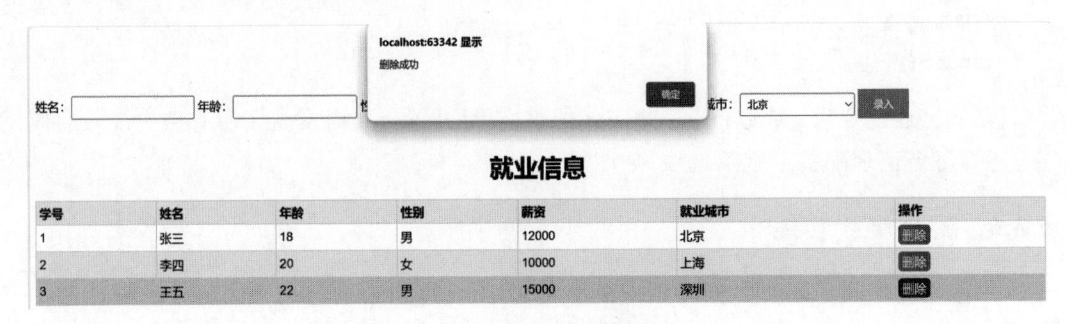

图 5-5　删除操作效果图

5.4 注意事项

(1) 虽然 querySelector 和 querySelectorAll 方法通过 CSS 选择器提供了灵活性极高的元素选取方式,但在追求极致性能的场景下,用户应优先考虑使用针对性更强的方法,例如,getElementById 和 getElementsByClassName。这些方法因针对性强,往往在查找速度上更具优势,特别是在处理大型 DOM 树时。

(2) 利用 event.preventDefault()可以有效阻止元素的默认行为,为自定义交互逻辑开辟空间,例如,阻止链接跳转或表单提交。然而,这一做法需谨慎实施,确保不影响用户体验和功能的完整性。

5.5 实践任务

轮播图是一种高效的信息传播工具,可以让网站或应用首页在有限的空间内展示多幅广告、促销信息、新闻头条或特色内容。通过动态切换,吸引用户注意力,提高关键信息的曝光率。本实践使用 JavaScript 开发一个简单的轮播图组件,包含多个图片以及前后导航按钮,并为前进和后退按钮绑定事件监听器,实现轮播效果,具备要求如下所示。

(1) 自动播放特性:实现轮播图的自动切换功能,按照预设时间间隔平滑过渡至下一张图片,为用户带来动态的视觉体验。

(2) 手动切换支持:增强交互性,允许用户通过点击前后导航按钮,手动控制轮播图的切换,无论是向后浏览还是回溯前一张,都应即时响应,给予用户充分的控制权。

(3) 指示器集成:在组件底部集成一套简洁明了的指示器(小圆点),清晰标示当前展示图片的顺序,同时支持用户直接单击任一圆点,迅速跳转至对应的图片,提升导航的直观性和便捷性。

第 6 章　Vue.js 入门实践

6.1　知识简介

视频讲解

6.1.1　Vue.js 概述

Vue.js 是一款用于构建用户界面的 JavaScript 框架，它基于标准 HTML、CSS 和 JavaScript 构建，并提供了一套声明式的、组件化的编程模型，以高效地开发用户界面。Vue.js 的主要特点和功能包括以下 5 个。

(1) 轻量级：Vue.js 的脚本非常轻便，速度也非常快，能够自动追踪依赖的模板表达式和计算属性，提供 MVVM 数据绑定和一个可组合的组件系统。

(2) 双向数据绑定：Vue.js 的核心之一是双向数据绑定，它允许采用简洁的模板语法将数据声明式渲染整合进 DOM。

(3) 指令：Vue.js 内置了许多指令，如 v-if、v-else、v-show、v-on、v-bind 和 v-model 等，用于在前端执行各种操作。

(4) 组件化：组件化是 Vue.js 最强大的功能之一，它允许开发者封装可重用的代码，扩展 HTML 元素。Vue 的组件化系统可以帮助开发者更好地组织代码，提高代码的复用性和可维护性。

(5) 客户端路由：Vue.js 支持客户端路由，使得开发者可以构建单页应用(SPA)，提升用户体验。

6.1.2　Vue 路由管理器

Vue Router 是 Vue.js 的核心库之一，它与 Vue 的核心库深度集成，为 Vue 应用提供了声明式的路由管理。它允许用户定义路由规则、映射 URL 到组件，并通过组件的切换实现页面的切换，从而实现单页面应用的导航逻辑，其关键特性如下所示。

(1) 页面切换与导航：Vue Router 允许用户在不同的视图或页面之间平滑切换，而不需要重新加载整个页面。通过定义路由规则，可以将特定的 URL 映射到相应的组件，从而展示不同的内容。

(2) 组件化路由：每个路由都映射到一个 Vue 组件，这意味着当 URL 改变时，Vue Router 会自动渲染对应的组件，实现界面的动态更新。

(3) 导航链接：通过<router-link>组件，可以方便地创建导航链接，这些链接会在用户点击时触发路由的切换，而不是像原生的<a>标签那样导致页面刷新。

(4) 路由参数与查询：Vue Router 支持动态路由参数和查询参数，使得用户可以从 URL 中获取信息，并根据这些信息动态地改变页面内容，非常适合构建具有过滤或查看详情功能的页面。

(5) 嵌套路由：支持嵌套路由结构，可以创建具有多级视图的布局，这对于构建复杂的应用程序界面尤为有用。

(6) 路由守卫：提供了路由级别的守卫(包括全局守卫、路由独享守卫和组件内守卫)，可以在路由跳转前后执行自定义逻辑，例如，权限验证、数据预取等。

(7) 懒加载：支持组件的懒加载，即在路由被访问时才加载对应的组件代码，有助于提高首次加载速度。

综上所述，Vue Router 是构建单页面 Vue 应用不可或缺的一部分，它极大地简化了 SPA 的路由逻辑处理，提升了开发效率和用户体验。

6.2 实践目的

通过该实践，读者可以掌握创建和初始化 Vue 项目的关键步骤、理解 Vue 项目的基本结构，通过动手实践配置与编码，深化对 Vue 路由管理器的理解，培养针对实际需求应用的 Vue 框架实战能力，为高效构建高质量 Web 前端服务应用打下坚实基础。

6.3 实践范例

本节将利用 IntelliJ IDEA 集成开发环境，使用 Vite 工具，从零开始创建一个 Vue 项目，深入理解组件的创建和路由配置，并编写一个简单的组件来验证应用的基本功能。在 IDEA 中启动这个 Vue 应用，确保一切配置无误且基础功能正常运行。下面是详细的实践步骤。

6.3.1 安装 Node.js

访问 Node.js 官网，选择“下载”菜单，如图 6-1 所示。

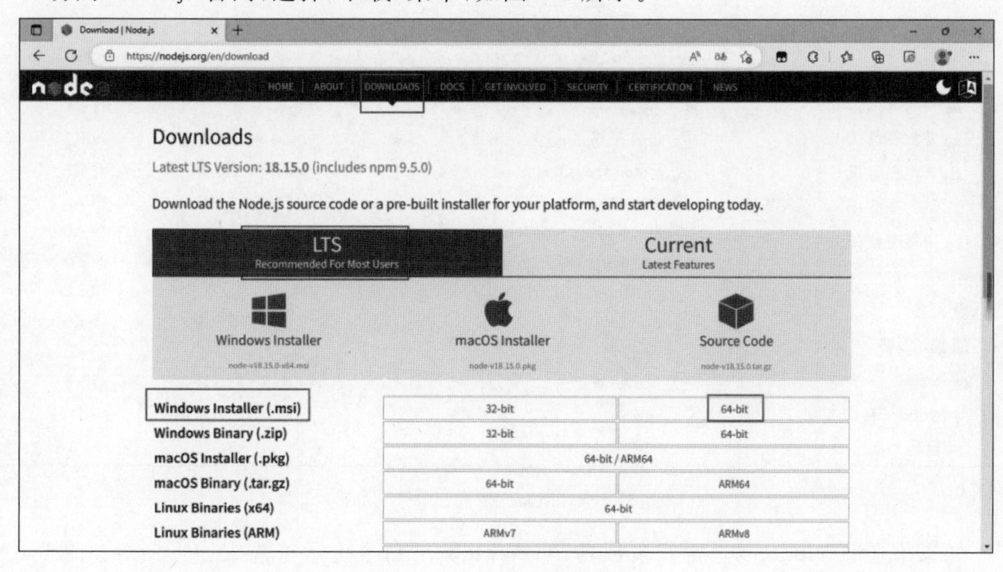

图 6-1 Node.js 官网下载

下载时，首先需要选择 Node.js 版本，建议选择长期支持版本(LTS)；然后再选择操作系统版本；最后单击对应操作系统版本的下载链接，下载 Node.js 安装包。

下载完成后，打开安装包进行安装，按照安装向导提示进行安装即可，在选择安装目录时，建议不要安装在系统盘上，本书安装过程选择目录如图 6-2 所示，安装后的完整目录如图 6-3 所示。

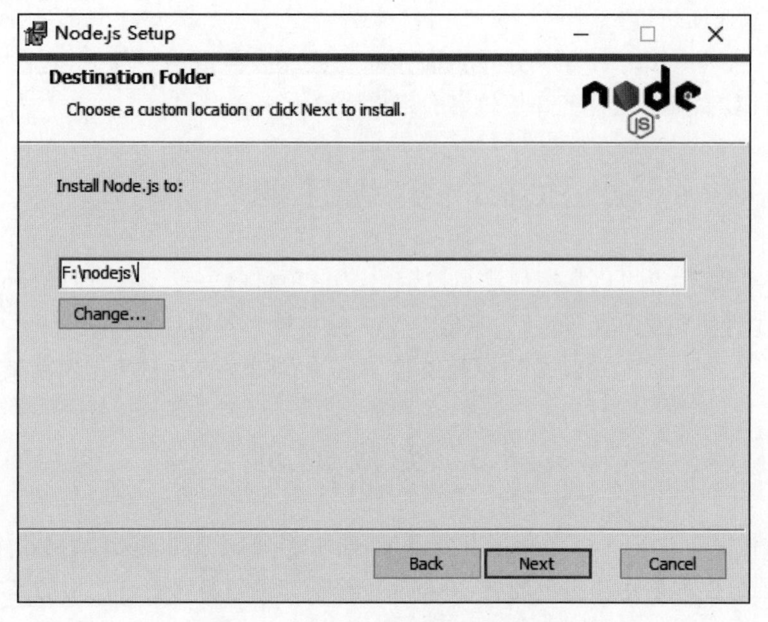

图 6-2　Node.js 安装过程选择目录

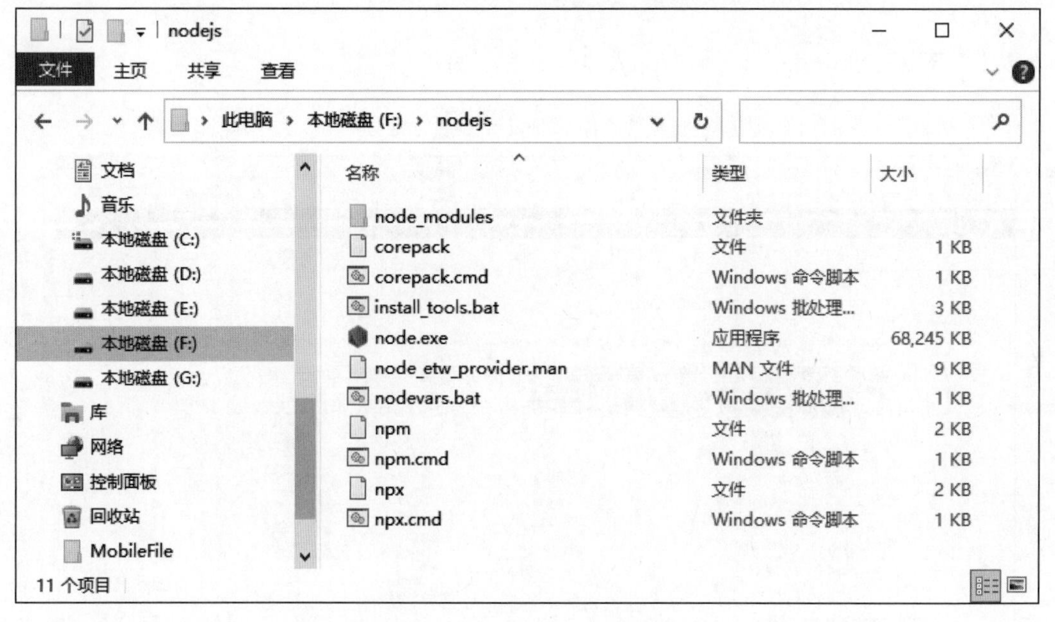

图 6-3　Node.js 安装后的完整目录

如果想验证 Node.js 是否安装成功，在 Windows 命令提示符输入如下命令。

```
node -v
```

如果命令行终端显示 Node.js 版本号，表示安装成功，如图 6-4 所示。

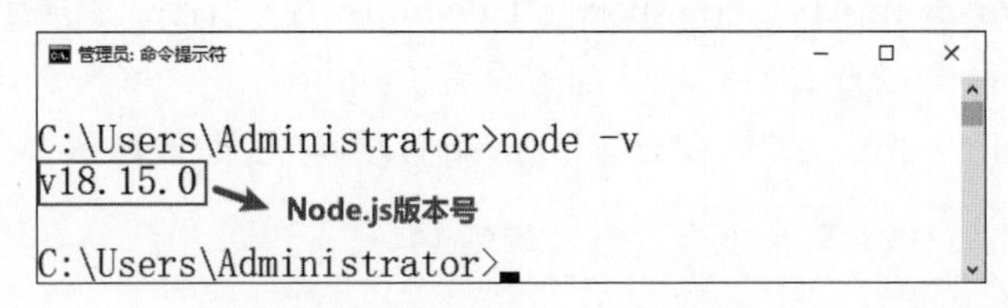

图 6-4 Node.js 安装成功

npm 是 Node.js 官方包管理器，随 Node.js 一同安装，具有强大的包搜索和版本控制功能，并且随 Node.js 一同安装的 npm 的全局配置文件位于 Node.js 安装目录下，本书的文件地址为“F:\nodejs\node_modules\npm\npmrc”。用户配置文件位于当前用户的 home 目录下，本书的文件地址为“C:\Users\Administrator\.npmrc”。注意，用户配置文件中的配置信息优先级高于全局配置文件中的配置信息，因此用户可以通过修改自己的 npmrc 文件来自定义 npm 命令行工具和 npm 包管理器的行为。

如果想查看 npm 配置信息，可在 Windows 命令提示符输入如下命令。

```
npm config list
```

本书随 Node.js(18.15.0 版本)一同安装的 npm 配置信息如图 6-5 所示。

```
管理员: 命令提示符

C:\Users\Administrator>npm config list
; "builtin" config from F:\nodejs\node_modules\npm\npmrc

prefix = "C:\\Users\\Administrator\\AppData\\Roaming\\npm"

; node bin location = F:\nodejs\node.exe
; node version = v18.15.0
; npm local prefix = C:\Users\Administrator
; npm version = 9.5.0
; cwd = C:\Users\Administrator
; HOME = C:\Users\Administrator
; Run `npm config ls -l` to show all defaults.
```

图 6-5 默认安装 npm 配置信息

npm 输出配置信息解释如下所示。

(1) “builtin” config from：npm 自身配置文件(npmrc)，此文件可配置全局安装包的存储位置、包镜像源地址、npm 缓存位置等信息。

(2) prefix：指定全局包安装路径。当安装全局的 npm 包时，会安装到此目录(本书为 C:\Users\Administrator\AppData\Roaming\npm)。

(3) node bin location：Node.js 的可执行文件路径。

(4) node version：当前安装的 Node.js 版本号为“v18.15.0”。

(5) npm local prefix：指定本地包安装路径，当在项目中安装本地的 npm 包时，会安装到此目录(本书为 C:\Users\Administrator)。

(6) npm version：当前安装的 npm 版本号为“9.5.0”。

(7) cwd：当前的工作目录路径为“C:\Users\Administrator”。

(8) HOME：npm 的 HOME 目录路径设置为“C:\Users\Administrator”，这是 npm 存放全局配置和缓存文件的目录。

(9) "Run npm config ls -l to show all defaults."：这是一个提示，建议用户运行“npm config ls -l”命令以查看所有默认配置设置。

可以使用“npm config set”命令设置 npm 配置项，语法如下所示。

```
npm config set <key> <value> [-g|--global]
```

其中，各个属性的含义如下所示。

key：配置项名称，例如，prefix、npm local prefix、cache 等。

value：配置项的值，可以是任意字符串。

-g 或 -global：可选参数，表示设置全局的配置项，即修改全局的配置文件。如果不加该参数，则只会修改当前项目的配置文件。

例如，默认配置的 prefix（全局包安装路径）和 cache（缓存目录）配置都设置在系统盘，为避免 C 盘空间不足导致系统运行缓慢、出现异常等问题，可将其设置到其他盘，命令如下所示。

```
npm config set prefix "F:\nodejs\node_global"
npm config set cache "F:\nodejs\node_cache"
```

上述命令将 prefix 和 cache 分别设置在本书 Node.js 安装目录的“node_global”和“node_cache”子目录下。注意，需要新建这两个子目录。命令执行后，查看 npm 配置信息结果如图 6-6 所示。

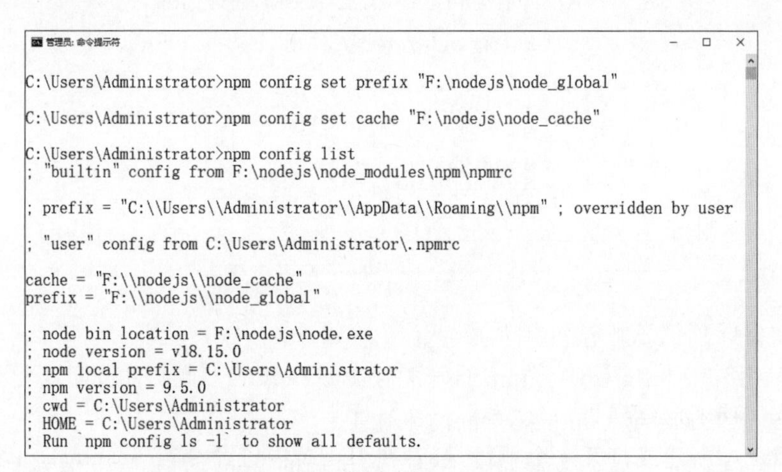

图 6-6　修改 prefix 和 cache 的 npm 配置信息

图 6-6 中的全局包安装路径 prefix 已设置为“F:\nodejs\node_global”，需要将此路径配置到 path 环境变量中，这样就可以在命令行中全局访问通过 npm 安装的任何包。而"user" config from C:\Users\Administrator\.npmrc 配置项指定用户配置文件存放位置，如果删除.npmrc 文件，上述 prefix 和 cache 配置将恢复默认设置。

随 Node.js 一同安装的 npm 可能不是最新版本，在安装完成 Node.js 后，建议升级 npm 至最新版本，Windows 命令如下所示。

```
npm install -g npm --force
```

这个命令会全局安装最新版本的 npm,安装路径为上面配置好的 prefix 路径,即"F:\nodejs\node_global"。命令中的"--force"参数表示使用管理员权限运行命令。注意,只有在权限不够时才使用此参数,执行结果如图 6-7 所示。

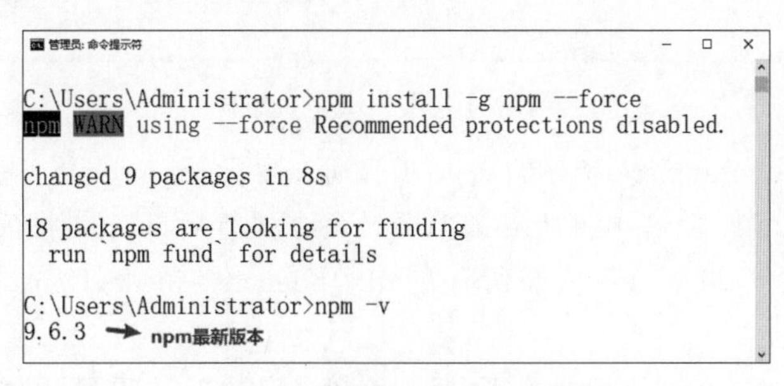

图 6-7　更新和查看 npm 版本

6.3.2　构建 Vue 项目

pnpm 和 npm 都是用于 JavaScript 项目的包管理和依赖管理工具,主要用于 Node.js 生态系统中。相较于 npm,pnpm 是一个更快、更节省磁盘空间的替代方案,因此本章使用 pnpm 来构建一个新的 Vue 项目,先需要通过 npm 安装 pnpm 包管理器。

```
npm install -g pnpm
```

pnpm 与 npm 的大部分命令相同。

使用 Vite 构建 Vue 项目,在 IDEA 中新建或打开一个项目,在终端命令行输入如下命令。

```
pnpm create vite my-vue-app --template vue
```

上述命令用来创建一个基于 Vue.js 模板的 Vite 项目的,具体解释如下所示。

(1) pnpm create:使用 pnpm 包管理器的 create 命令创建一个新项目。

(2) vite:指定项目使用 Vite 构建工具。

(3) my-vue-app:指定项目名称,名称可自定义。

(4) --template vue:指定项目使用 Vue.js 模板。这意味着 Vite 将使用 Vue.js 的相关配置和依赖项来构建项目。

使用 IDEA 新建或打开一个项目,接着在 IDEA 内置命令行 terminal 中输入上述创建 Vue 项目命令,命令执行后将在当前目录(D:\TestDemo)生成一个名为 my-vue-app 的新项目,如图 6-8 所示。

接着,根据屏幕提示依次执行如下命令。

```
cd my-vue-app
pnpm install
pnpm run dev          //此命令运行 Vue 项目,可稍后执行
```

上述代码中,不同参数的含义如下所示。

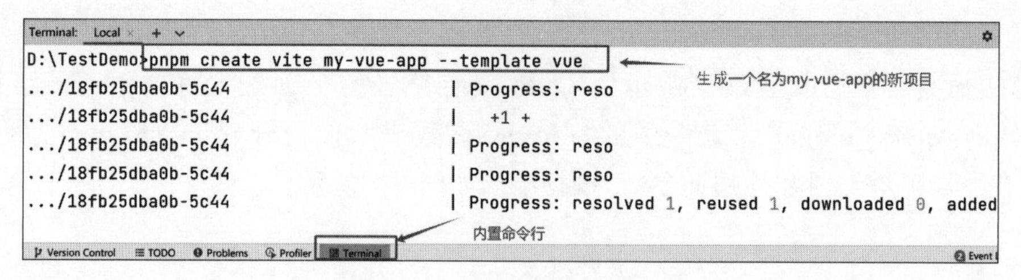

图 6-8 IDEA 创建 Vue 项目

(1) cd my-vue-app：进入新建的 Vue 项目所在目录，my-vue-app 是项目名称。

(2) pnpm install：安装项目所需依赖项。命令执行后，pnpm 将读取项目根目录下的 package.json 文件，并下载和安装所有在 dependencies 和 devDependencies 中列出的依赖项。

(3) pnpm run dev：在项目目录下，运行该命令启动 Vue 项目开发服务器，命令执行结果如图 6-9 所示。

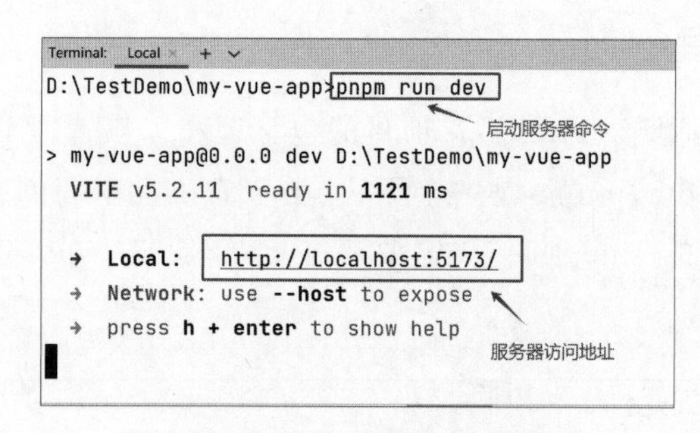

图 6-9 启动 Vue 项目开发服务器

单击图 6-9 自动生成的服务器地址，会在默认浏览器中打开项目主页，主页效果如图 6-10 所示。

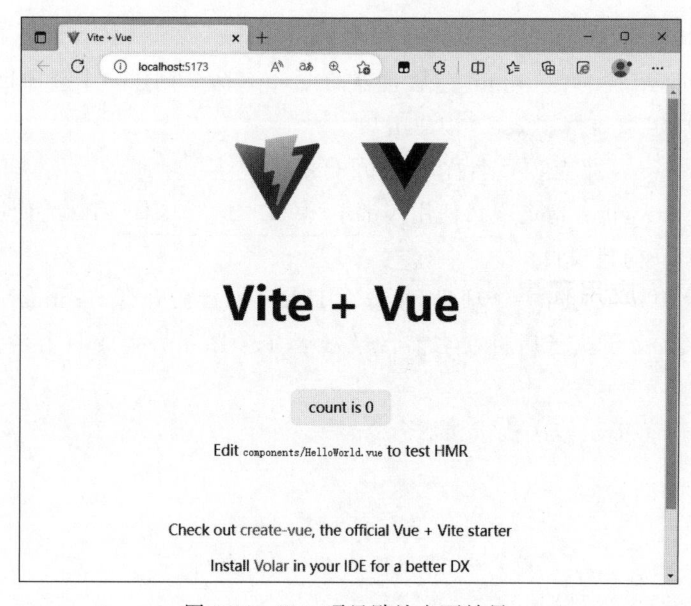

图 6-10 Vue 项目默认主页效果

在 terminal 命令行窗口中按下 Ctrl+C 组合键，可停止 Vue 项目服务器。使用 Vite 创建 Vue 项目后，其项目结构如图 6-11 所示。

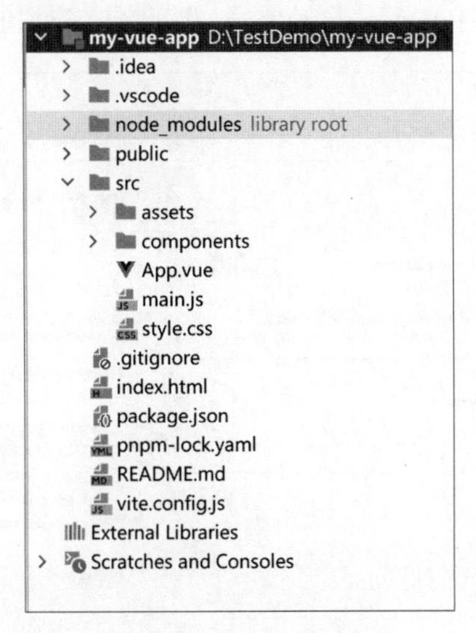

图 6-11　Vue 项目结构

下面对各个文件夹和文件进行详细说明。

(1) node_modules：项目依赖的第三方包目录，使用 npm install 命令安装。

(2) public：存放不需要经过打包处理的静态资源。

(3) src：源代码目录，包含应用程序的核心代码和资源。

(4) assets：静态资源目录，如图片、字体等。

(5) components：组件目录，包含应用程序中的所有组件。

(6) App.vue：根组件，应用程序的主要入口点。

(7) main.js：应用程序的入口文件，用于实例化 Vue 应用程序。

(8) .gitignore：git 版本控制时忽略的文件配置。

(9) index.html：项目的 HTML 入口文件。

(10) package.json：项目配置文件，包含项目依赖、脚本等信息。

(11) README.md：项目说明文档，包含项目描述、使用说明等信息。

(12) vite.config.js：Vite 配置文件，用于配置构建选项、插件等。

6.3.3　修改 Vue 应用程序

在 6.3.2 节使用 Vite 构建了第一个 Vue 项目，并初步介绍了项目结构和核心文件的作用，下面详细讲解核心文件的使用方法。为了让 IDEA 支持 Vue 语法，应安装 Vue.js 插件，安装步骤如下所示。

(1) 打开 IDEA，单击“File”菜单，然后选择“Settings”。

(2) 在设置面板中，单击“Plugins”。

(3) 在插件页面中，单击“Marketplace”选项卡。

(4) 在搜索框中输入“Vue.js”并按 Enter 键。

（5）选择“Vue.js”插件并单击“Install”按钮。

（6）等待插件安装完成后，重新启动 IDEA 即可开始使用 Vue.js 语法支持。

安装完成后，即可使用 IDEA 的自动完成、代码高亮等功能，如图 6-12 所示。

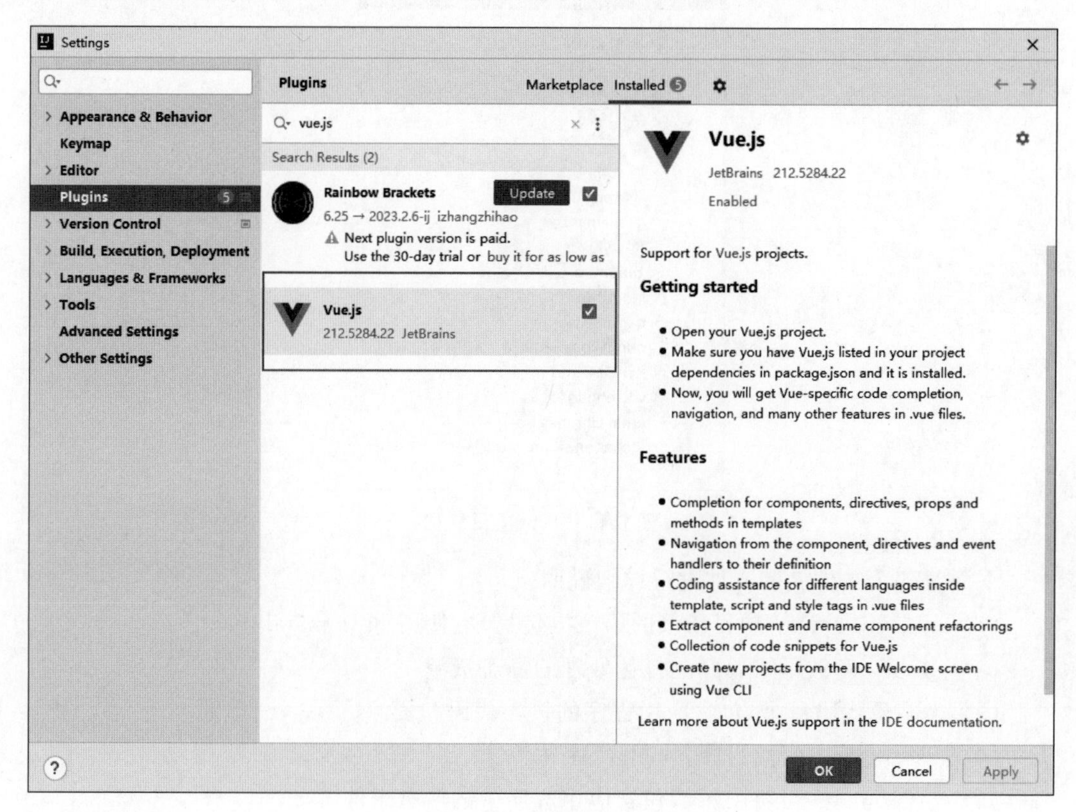

图 6-12　IDEA 安装 Vue.js 插件

1. 项目首页 index.html

index.html 文件位于项目的根目录，是项目的入口文件之一。当浏览器加载 Vue 应用程序时，会首先加载该文件，然后通过该文件引入其他必要的资源（例如，CSS 和 JavaScript 文件），核心代码如下所示。

```
<div id="app"></div>
<script type="module" src="/src/main.js"></script>
```

<div>标签是一个用于挂载 Vue 应用程序的空白 DOM 元素。在运行时，Vue 将会在这个元素内部动态渲染应用程序的视图。

<script>标签包含一个指向应用程序入口文件 src/main.js 的 URL，它使用 ES6 的 import 语法来加载和运行应用程序的代码。

2. 实例化 Vue 应用程序 main.js

main.js 文件位于项目的 src 目录，是应用程序的入口文件，其作用是创建和配置 Vue 应用程序实例，并在指定的 HTML 元素中挂载应用程序，核心代码如下所示。

```
import {createApp} from 'vue';      //从 Vue 库中引入 createApp 方法
import App from './App.vue';        //从 App.vue 文件中引入 App 组件
const app =createApp(App);          //
使用 createApp 方法创建一个新的 Vue 应用程序实例,并将 App 组件注册为根组件
;                                   //将 Vue 应用程序实例挂载到 HTML 元素中
```

于导入模块的关键字,它的作用是将一个或多个模块导入当前模
以使用导入模块中的变量、函数、类等。常见语法如下所示。

Export from "module-name":导入默认导出的值,并将其赋值给

ame from "module-name":导入模块中所有导出的值,并将其赋
通过 name 对象可以访问到模块中所有导出的值。

1} from "module-name":从模块中导入指定的导出值,并将其赋

1 as alias1,export2} from "module-name":从模块中导入指定的
给变量 alias1 和 export2。

1,export2 as alias2} from "module-name":从模块中导入指定的
给变量 export1 和 alias2。

Export,{export1,export2 as alias2} from "module-name":同时
导出值,并将其分别赋值给变量 defaultExport、export1 和 alias2。

e-name":只执行模块中的顶层代码,不导入任何导出值。

表示要导入的模块的名称或路径,可以是以下任意一种。

/"或"../"开头,表示当前模块所在的相对路径。

"/"开头,表示当前模块所在的绝对路径。

字符串,表示一个已经安装的模块名称。如果模块是第三方库
称来导入。

Vue 3 中用于创建应用实例的工厂方法,它的作用是创建一个新
例的根组件,语法格式如下所示。

```
App(rootComponent, [options])
```

数表示应用实例的根组件,可以是一个 Vue.js 组件对象,也可以
果需要创建多个根组件,可以多次调用 createApp 方法。

options 参数是可选的,表示应用实例的配置项。常用的配置项包括以下几种。

(1) data:应用实例的数据对象,用于存储组件的状态信息。

(2) computed:应用实例的计算属性对象,用于根据数据对象计算派生出来的属性。

(3) methods:应用实例的方法对象,用于存储组件的业务逻辑代码。

(4) watch:应用实例的监视器对象,用于监视数据对象的变化并执行相应的回调函数。

mount 方法是 Vue 3 中将应用实例挂载到指定 DOM 元素上的方法,其作用是将应用实例与页面进行绑定,使应用实例可以控制指定 DOM 元素以及其子元素的内容和行

为。mount 方法的语法格式如下所示。

```
app.mount(selector)
```

其中,app 表示 Vue.js 应用实例;selector 是一个字符串,表示要将应用实例挂载到 HTML 页面中 DOM 元素的选择器。选择器可以是 ID 选择器、class 选择器或其他类型的选择器。如果选择器匹配多个 DOM 元素,mount 方法只会将应用实例挂载到第一个匹配的元素上。

3. 应用程序入口文件 App.vue

App.vue 文件位于项目 src 目录,用来定义根组件的结构和行为。通常情况下,App.vue 文件包含模板(Template)、脚本(Script)和样式(Style)三部分。其中,模板定义根组件的结构和内容,脚本定义根组件的行为和逻辑,样式定义根组件的外观和样式。App.vue 的相关核心代码如下所示。

```
<template> <!-- Vue 3 组件的模板部分 -->
  <div class="main">
<!-- 一个 h1 标题元素,它的内容是 message 变量的值 -->
    <h1>{{ message }}</h1>
  </div>
</template>
<script>              //Vue 3 组件的 JavaScript 部分
export default {      //导出默认的 Vue 组件对象
  data() {            //定义数据对象
    //定义一个名为 message 的属性,它的值是'第一个 Vue 项目'字符串
    return {message: '第一个 Vue 项目'}
  }}
</script>
<style scoped><!-- Vue 3 组件的样式部分,且只在当前组件中生效-->
  .main {font-size: 20px;color: red;}
</style>
```

上述代码中,<template>标签定义组件模板内容,使用 Vue 的模板语法绑定数据和事件。<script>标签定义组件脚本内容,使用 ES6 的 export default 语法导出组件,方便在其他地方引入和使用。<style>标签定义组件样式内容,使用 scoped 属性使样式只对当前组件生效。需要注意的是,在 Vue 3 中,.vue 文件需要通过构建工具(如 Vite)进行编译和打包后,才能在浏览器中运行。在构建过程中,.vue 文件会被转换为原生的 JavaScript 代码、CSS 样式和 HTML 模板,以便能够被浏览器识别和渲染。

6.3.4 新建 Vue 组件

在 Vue 3 的开发实践中,构建组件常常采用单文件组件(Single File Component,SFC)策略,这是一种将模板、逻辑与样式整合在单一.vue 文件中的高效模式。下面通过创建一个简单的登录组件来展示这一过程。此组件位于项目的 src/components 目录下,

命名为 Login.vue,集成了用户名、密码输入框及登录按钮,同时体现了 Vue 3 中 <script setup>的新特性,示例代码如下所示。

```
<template>
  <div class="login-form">
    <h2 class="title">用户登录</h2>
    <form>
      <!-- 输入框与标签对 -->
      <div class="input-group">
        <label for="username">用户名</label>
        <input type="text" id="username" v-model="username" required>
      </div>
      <div class="input-group">
        <label for="password">密码</label>
        <input type="password" id="password" v-model="password" required>
      </div>
      <!-- 同意条款复选框 -->
      <div class="agree-group">
        <input type="checkbox" id="agreement" v-model="agreed" required>
        <label for="agreement">我已阅读并同意<a href="#">《用户协议》</a></label>
      </div>
      <!-- 提交按钮 -->
      <button type="submit" >登录</button>
    </form>
  </div>
</template>
<script setup>
import { ref, computed } from 'vue';
const username = ref('');
const password = ref('');
const agreed = ref(false);
const onSubmit = () => {
    //提交登录逻辑
    console.log('登录中...');
};
</script>
<style scoped>
.login-form {
    width: 320px;
    margin: 100px 500px;
    padding: 20px;
    border: 1px solid #ddd;
    border-radius: 4px;
    box-shadow: 0 2px 4px rgba(0, 0, 0, 0.1);
    background-color: #fff;
}
```

```
.title {
    text-align: center;
    margin-bottom: 20px;
    color: #333;
}
.input-group {
    margin-bottom: 15px;
}
.input-group label {
    display: block;
    margin-bottom: 5px;
    color: #666;
}
.input-group input {
    width: 100%;
    padding: 10px;
    border: 1px solid #ddd;
    border-radius: 4px;
    outline: none;
}
.agree-group label {
    font-size: 0.9em;
    color: #666;
    cursor: pointer;
}
.agree-group a {
    color: #007bff;
    text-decoration: none;
}
button {
    width: 100%;
    padding: 12px 0;
    margin-top: 20px;
    background-color: #007bff;
    border: none;
    border-radius: 4px;
    color: #fff;
    font-size: 16px;
    cursor: pointer;
    transition: background-color 0.3s;
}
</style>
```

响应式数据管理：使用 ref 创建响应式基础类型数据，如 username、password 和 agreed，确保视图随数据变化自动更新。

const onSubmit = () =>{ ... } 定义了 onSubmit 方法，上述代码只是简单地在控制

台输出。在实际应用中,会执行登录逻辑,例如,调用 API 与后端交互。

<script setup>引入了 Vue 3 的新语法,简化组件定义,自动暴露内部变量给模板,无须手动注册或返回数据对象。与传统<script>标签比较,其省略了在 components 选项中注册该组件的步骤,语法更简洁。它旨在简化组件的定义,减少模板与逻辑间的代码重复,并允许用户更直接地访问状态和方法,主要的优势如下所示。

(1) 隐式导出:省去了传统 export default 和显式 setup()函数声明,直接在<script setup>标签内编写组件逻辑。

(2) 直接绑定:组件内部声明的状态和方法自动与模板关联,无须显式返回,减少了样板代码。

(3) 强类型支持:无缝集成 TypeScript,为变量、props、emits 提供自动类型推断,增强代码的健壮性。

(4) 直接导入与使用:在组件内部直接使用 import 导入外部资源,简化模块管理。

(5) 便捷定义:使用 defineProps 和 defineEmits 来简洁明了地定义组件属性和事件处理器,增强代码的可读性。

6.3.5 配置 Vue 路由

配置 Vue 路由有以下 5 个步骤。

(1) 在当前项目安装 Vue 3 路由,命令如下所示。

```
pnpm i vue-router@latest
```

(2) 在项目 src 目录下新建 router.js(可指定任意文件名)路由配置文件,代码如下所示。

```
import {createRouter, createWebHashHistory} from 'vue-router'
const routes=[
  {path: '/login', component: ()=>import("./components/Login.vue") },
  ]
const router = createRouter({
  history: createWebHashHistory(),
  routes
})
export default router;
```

上述代码实现了路由配置和创建路由实例两个步骤,具体解释如下所示。

① import { createRouter, createWebHashHistory } from 'vue-router':引入 Vue Router 库中的 createRouter 和 createWebHashHistory 两个函数,它们用于创建路由实例和路由模式。

② const routes = [...]:一个路由配置数组,它包含多个路由对象,每个对象定义了一个路由规则,包括路由路径和对应的组件,例如,{path: '/login', component: () => import("./components/Login.vue")}定义了路由路径 /login 对应的组件是 Login.vue。

③ const router = createRouter({ history: createWebHashHistory(), routes }):创

建路由实例的过程，其中使用 createWebHashHistory()函数创建了一个基于哈希的路由模式。然后将路由配置数组作为参数传递给 createRouter 函数来创建一个路由实例。

④ export default router：将路由实例导出，以便在应用程序的其他组件中使用该实例进行路由导航。

(3) 修改项目 src 目录下的 main.js 文件，代码如下所示。

```
//引入 Vue 库的 createApp 函数,用于创建 Vue 应用程序实例
import { createApp } from 'vue'
import App from './App.vue'              //引入应用程序的根组件
import router from "./router.js";   //引入应用程序的路由实例
const app = createApp(App)          //创建 Vue 应用程序实例
app.use(router)                      //在 Vue 实例中使用路由
app.mount('#app')  //将 Vue 实例挂载到页面 id 为 app 的元素上,从而显示应用程序的内容
```

(4) 修改 App.vue 文件，在 App.vue 文件中开启路由，<router-view>是一个路由视图，用于显示当前路由路径所对应的组件，代码如下所示。

```
<template>
    <!-- 开启路由 -->
    <router-view/>
</template>
```

(5) 运行 Vue 项目，在项目目录下，运行“pnmp run dev”命令启动项目开发服务器。服务器地址，如图 6-13 所示。

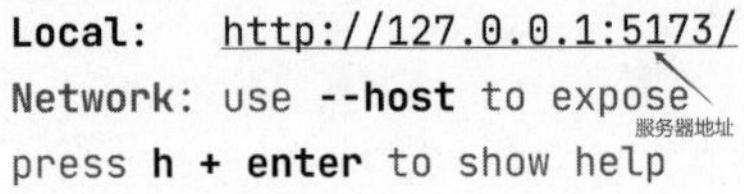

Local: http://127.0.0.1:5173/
Network: use --host to expose
服务器地址
press h + enter to show help

图 6-13　服务器运行地址图

结合在(2)配置的路由路径，在网页端访问 http://127.0.0.1:5173/#/login，运行结果如图 6-14 所示。

localhost:5173/#/login
用户登录
用户名
密码
我已阅读并同意《用户协议》
登录

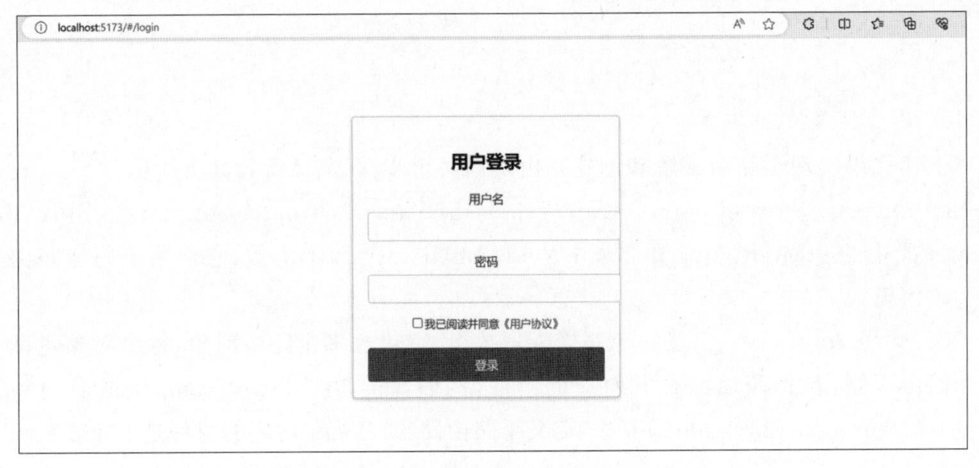

图 6-14　登录组件界面效果图

6.4 注意事项

(1) 针对规模较大的应用程序,合理利用 Vue Router 提供的懒加载特性尤为重要。此机制能够确保各个页面组件仅在用户实际访问该页面时才进行加载,从而显著减少了初始页面加载时间,提升了用户体验。

(2) 使用 pnpm 作为项目依赖管理工具时,其高效运作需要 Node.js 环境的支持,且版本需不低于 18。确保开发环境满足这一前提条件,是顺畅使用 pnpm 进行依赖优化与高效管理的基础,有助于避免因环境不匹配引发的潜在问题,保持项目的持续集成与高效迭代。

6.5 实践任务

在当代 Web 应用开发范畴内,用户注册功能占据着举足轻重的地位,它不仅是收集用户基本信息的门户,也是通往个性化服务体验的关键。Vue.js 作为一个流行的前端框架,以其简洁的 API 和灵活的组件系统,为开发者提供了高效构建用户界面的能力。本次实践任务请利用 Vue.js 框架实现用户注册模块的构建,分为以下步骤。

(1) 初始化 Vue 项目:运用 Vite 工具构建一个新的 Vue 项目。

(2) 集成 Vue Router:采用"pnpm install vue-router"指令,为项目植入 Vue Router 这一强大的路由管理系统,为应用的页面导航奠定基础。

(3) 配置路由系统:在项目核心,即 main.js 文件中,引入并配置路由模块。创建路由配置文件,确保每个组件都能精准导航。

(4) 设计注册界面:设计注册表单所需信息字段,如用户名、密码及电子邮件等。

(5) 定义注册页面路由:在路由配置文件中,设定注册组件的路径映射。

(6) 激活应用路由:在 App.vue 中嵌入路由视图组件,激活整个应用的路由机制,使页面间的跳转流畅无阻。

(7) 启动与验证:在 IntelliJ IDEA 开发环境中,启动 Vue 项目,测试是否可以通过路径映射来访问用户注册组件。

第7章　Vue.js 整合 Element Plus 集成实践

7.1　知识简介

视频讲解

7.1.1　Element Plus 概述

Element Plus 是一款流行的前端 UI 框架，专门为 Vue 3 构建高质量的用户界面而设计。它是 Element UI 的下一代版本，针对 Vue 3 的新特性和改进进行了全面的重构与优化。Element Plus 提供了一套丰富且多样化的 UI 组件，这些组件涵盖了常见的界面元素，如按钮、表单控件、布局、导航、对话框、通知等，使得开发者能够快速构建功能丰富且视觉统一的 Web 应用程序。以下是 Element Plus 的几个核心特点和优势。

(1) Vue 3 集成：完全支持 Vue 3 的 Composition API 和其他新特性，充分利用 Vue 3 的性能和灵活性。

(2) 丰富组件库：包含大量预设样式和行为的组件，如按钮、输入框、表格、模态框、导航菜单、分页、图标等，几乎覆盖了开发 Web 应用的所有基本需求。

(3) 主题定制：提供灵活的主题定制能力，用户可以通过修改 CSS 变量或使用提供的工具轻松定制颜色方案、字体等，以匹配品牌风格。

(4) 国际化：内置多语言支持，便于构建面向全球用户的应用程序。

(5) 文档与社区：详细的官方文档和活跃的社区支持，提供了丰富的示例、教程和最佳实践，降低了学习和使用门槛。

(6) 性能优化：组件经过精心设计和优化，确保在不同场景下的高效运行，提升用户体验。

(7) 模块化：支持按需引入，仅加载应用中实际使用到的组件，减小打包体积。

Element Plus 旨在帮助开发者快速构建美观、响应式且功能强大的 Web 应用，同时保持代码的简洁和易维护性。

7.1.2　嵌套路由

嵌套路由是 Vue Router 中的一个核心概念，它允许在父路由内部定义子路由，从而构建多层导航结构，这对于构建具有复杂层次关系的单页面应用(SPA)尤为关键。嵌套路由(Nested Routing)指的是在 Vue Router 配置中，一个路由(父路由)可以包含一个或多个子路由。这些子路由的路径是父路由路径的延伸，从而形成一种层级关系。相关概念的具体含义如下所示。

(1) 路由树：通过嵌套路由，可以创建一个路由的树形结构，每个节点代表一个路由或路由配置，子节点代表其下的子路由。

(2) 路径解析：访问子路由时，浏览器地址栏会显示父路径加上子路径。例如，访问/parent/child,父路由 parent 的组件和子路由 child 的组件都会被渲染。

(3) 组件嵌套：父路由组件中需要使用<router-view>标签来渲染子路由对应的组件。如果父路由自身也有组件,它将作为子组件的外壳。

(4) 默认子路由：可以为父路由配置默认展示的子路由,用户访问父路由时,若不指定子路径,默认展示该子路由。

```
#选择下列一个包管理器进行安装
pnpm install element-plus
const routes = [
  {
    path: '/parent',
    component: ParentComponent,
    children: [
      {
        path: 'child1',
        component: ChildComponent1
      },
    ]
  }
]
```

在路由配置文件(例如,router.js 或 router/index.js)中,使用 children 属性来定义子路由。每个子路由定义类似于一个标准路由,包含 path 和 component 等属性。

父组件(如 ParentComponent)中需要包含至少一个<router-view>标签,用于展示匹配的子路由组件。子路由的路径是相对于父路由路径的,访问/parent/child1 时,ChildComponent1 会在 ParentComponent 内部的<router-view>中渲染。

用户也可以通过 router-link 组件或者编程式导航(如 this.$router.push())来导航到嵌套路由。Vue Router 会自动处理路径的拼接和组件的加载。

7.2 实践目的

通过该实践,读者能够学会熟练运用 Element Plus 组件库定制界面风格与布局,掌握配置与管理 Vue Router 的嵌套路由,具备多层级页面导航能力。培养应用 Vue 框架中组件化思维与模块化开发的实战能力,提高 Web 前端开发的效率。

7.3 实践范例

随着科研活动的多样化发展,创新实验室的日常运营与项目管理变得日益复杂。为了提升管理效率与协作水平,本节实践利用 IntelliJ IDEA 集成开发环境,融合 Vue.js 框架与 Element Plus 的丰富组件库,共同搭建一个高效的创新实验室管理系统的后台页面,涵盖了项目管理、团队管理、资源管理、活动管理等多个层面,以下是具体实践步骤。

7.3.1 引入 Element Plus

在第 6 章新建的 Vue 项目中，使用包管理器在该项目中安装 Element Plus，命令如下所示。

```
#选择下列一个包管理器进行安装
pnpm install element-plus
```

修改新建 Vue 项目的 main.js，引入 Element Plus 支持。main.js 文件位于项目的 src 目录，是应用程序的入口文件。其作用是创建和配置 Vue 应用程序实例，并在指定的 HTML 元素中挂载应用程序，核心代码如下所示。

```
//引入 Vue 库的 createApp 函数，用于创建 Vue 应用程序实例
import { createApp } from 'vue'
//引入 Element Plus 库，用于创建 UI
import ElementPlus from 'element-plus'
import 'element-plus/dist/index.css'      //引入 Element Plus 库的 CSS 样式表
import App from './App.vue'               //引入应用程序的根组件
import router from "./router.js";         //引入应用程序的路由实例
const app = createApp(App)                //创建 Vue 应用程序实例
app.use(ElementPlus)                      //在 Vue 实例中使用 Element Plus 库
app.use(router)                           //在 Vue 实例中使用路由
app.mount('#app') //将 Vue.实例挂载到页面 id 为 app 的元素上，从而显示应用程序的内容
```

其中，"app.use(ElementPlus)；"这行代码是关键，它将 Element Plus 注册到 Vue 应用中。use 方法是 Vue 3 应用实例的一个方法，用于安装 Vue 插件。当调用此方法时，Element Plus 会向 Vue 应用注入其所有组件和指令，使得在整个应用中都可以直接使用 Element Plus 提供的组件，例如，<el-button>、<el-input>等。

此外，Element Plus 提供了一套常用的图标集合，可以使用包管理器安装，命令如下所示。

```
#选择下列一个包管理器进行安装
pnpm install @element-plus/icons-vue
```

需要从 @element-plus/icons-vue 中导入所有图标并进行全局注册，修改 main.js 文件，添加全局导入 Element Plus 图标库的代码，如下所示。

```
//引入 Vue 库的 createApp 函数，于创建 Vue 应用程序实例
import { createApp } from 'vue'
//引入 Element Plus 库，用于创建 UI
import ElementPlus from 'element-plus'
import 'element-plus/dist/index.css'      //引入 Element Plus 库的 CSS 样式表
import App from './App.vue'               //引入应用程序的根组件
import router from "./router.js";         //引入应用程序的路由实例
const app = createApp(App)                //创建 Vue 应用程序实例
import * as ELIcons from '@element-plus/icons-vue'
```

```
//全局导入 Element Plus 图标
for (let iconName in ELIcons) {
app.component(iconName, ELIcons[iconName])
}
app.use(ElementPlus)                    //在 Vue 实例中使用 Element Plus 库
app.use(router)                         //在 Vue 实例中使用路由
app.mount('#app') //将 Vue.实例挂载到页面 id 为 app 的元素上，从而显示应用程序的内容
```

图标基础用法的相关代码如下所示。

```
<el-icon> <Edit /></el-icon>
```

<el-icon>标签用于显示图标，<Edit />表示图标组件。更多图标组件可参考官网文档。

7.3.2 构建后台管理页面整体布局

在构建高质量的 Web 应用程序时，后台管理界面的布局设计尤为关键，它直接影响到系统的可用性和用户体验。本节将在项目 src/components 目录下创建 Menu.vue 组件，借助 Element Plus 的灵活布局系统来搭建一个标准的后台管理页面框架，代码如下所示。

```
<template>
<!--这是整个页面的最外层容器，用来包裹整个布局结构-->
  <div class="common-layout">
<!--Element Plus 提供的布局容器，用于实现页面的布局结构-->
    <!--最外层 container 是主体容器-->
    <el-container>
      <!--代表页面的头部区域-->
        <el-header>
          <!--稍后将被导航栏代码替换-->
        <h2>网页头部</h2>
      </el-header>
      <!--内层 container，包含侧边栏和主要内容区域-->
      <el-container>
        <!--侧边栏区域-->
        <el-aside width="300px">
          <!--稍后将被侧边菜单栏代码替换-->
          <h2>网页侧边菜单栏</h2>
        </el-aside>
        <el-container>
          <!--网页主体区域-->
          <el-main>
            <!--稍后将被网页主体代码替换-->
            <h2>网页主体</h2>
          </el-main>
```

```
          <!--网页底部区域-->
          <el-footer>
          <!--稍后将被网页底部代码替换-->
            <h2>网页底部</h2>
          </el-footer>
        </el-container>
      </el-container>
    </el-container>
  </div>
</template>

<script setup>

</script>
<style scoped>
/*设置绝对定位,确保容器铺满整个屏幕*/
.common-layout {
  position:absolute;
  top:0;
  right:0;
  bottom:0;
  left:0;
}
/*所有 el-container 的高度设置为 100%,保证每个布局部分都能填满垂直空间*/
.el-container {
  height: 100%;
}
/*分别设置了网页头部、网页侧边菜单栏、网页主体和网页底部的背景颜色,增强了视觉区
  分度*/
/*实际开发后将删除填充的背景颜色*/
.el-header{
  margin: 0;
  padding: 0;
  border: 0;
  background-color: #409EFF;
}
.el-aside{
background-color: #79bbff;
}
.el-main{
  background-color: #a0cfff;
}
.el-footer{
  background-color: #409EFF;
```

```
}
h2{
  color: white;
  font-family: "Microsoft JhengHei";
  font-size: 24px;
}
span{
  color: white;
  font-family: "Microsoft JhengHei";
  font-size: 20px;
}
</style>
```

本章通过创建 Menu.vue 组件，利用 Element Plus 的布局组件系统搭建了一个标准的后台管理页面布局。设计中使用组件 el-container、el-header、el-aside、el-main 以及 el-footer 来构建一个包含网页头部、网页侧边菜单栏、网页主体和网页底部的网页布局，具体参数如下所示。

（1）.common-layout：作为整个布局的根容器，通过绝对定位技巧确保其覆盖整个视口，为页面布局提供一个稳定的基础框架。

（2）<el-container>：作为布局的核心，通过嵌套使用实现了多级布局结构。通过.full-height 类确保所有容器高度自适应，充分利用屏幕空间。

（3）<el-header>、<el-footer>：分别代表页面的头部和底部，设定为深蓝色背景，适合放置 Logo、导航条和版权信息等内容。

（4）<el-aside>：宽度固定为 300px，作为侧边栏区域，设定为淡蓝色背景，适合集成导航菜单和快捷操作入口。

（5）内嵌的<el-container>：在主体内容区域进一步划分，使得主体内容（<el-main>）与底部（<el-footer>）得以区分，增强了布局的灵活性和内容的组织性。

此外，通过 CSS 对各个布局部分进行了初步的视觉风格设定，每部分暂时填充了带有占位提示的<h2>标签，它们将在实际开发中被相应功能模块所替代。此布局方案不仅结构清晰，而且响应式友好，为后台管理系统提供了一个专业且高效的起点。通过“pnpm run dev”命令运行项目，在浏览器中的显示效果如图 7-1 所示。

7.3.3 实现导航栏

在构建后台管理系统时，一个既美观又实用的导航栏是不可或缺的组成部分。本节将基于 Element Plus 框架，进一步丰富之前创建的 Menu.vue 组件中的头部区域，加入系统名称标识和用户操作工具栏，实现一个响应式设计的导航栏。在原有头部区域代码基础上新增如下代码。

```
<!--代表页面的头部区域-->
      <el-header>
      <!--稍后将被导航栏代码替换-->
```

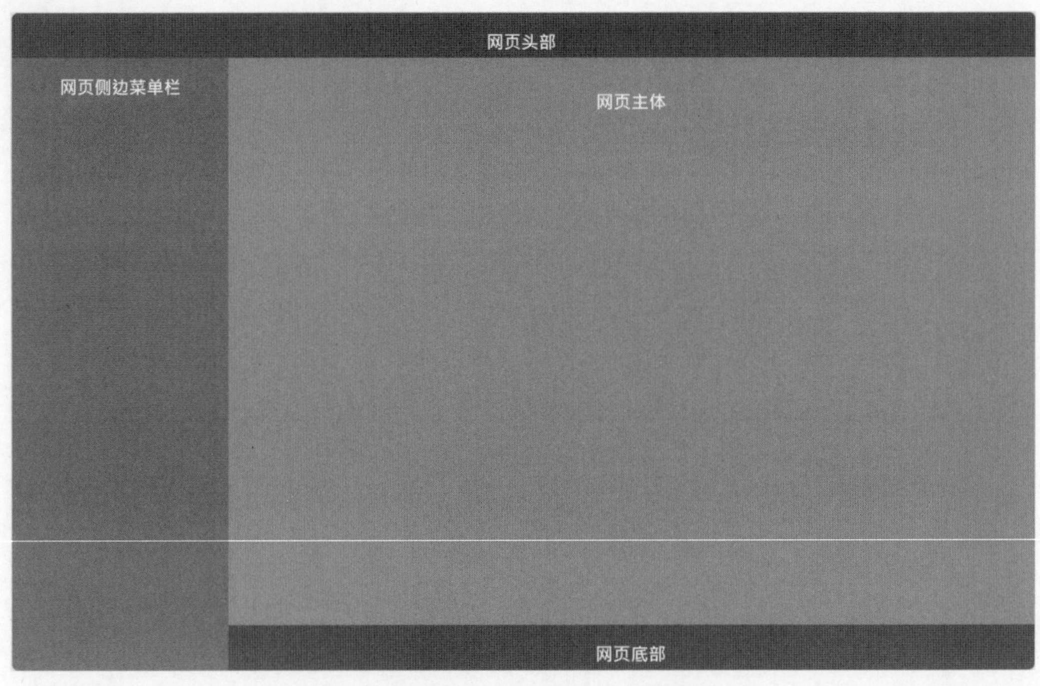

图 7-1　后台管理页面整体布局效果图

```
      <el-row>
        <el-col :span="16" style="text-align: left;">
          <h2>创新工作室后台管理系统</h2>
        </el-col>
        <el-col :span="8">
          <div class="toolbar" style="margin-top: 20px">
            <el-dropdown>
                <el-icon style="margin-right: 8px; margin-top: 8px; color:
                white">
                 <setting />
              </el-icon>
              <template #dropdown>
                <el-dropdown-menu>
                  <el-dropdown-item>新增用户</el-dropdown-item>
                  <el-dropdown-item>退出系统</el-dropdown-item>
                </el-dropdown-menu>
              </template>
            </el-dropdown>
            <span>Admin</span>
          </div>
        </el-col>
      </el-row>
    </el-header>
```

上述代码中，各参数的具体含义如下所示。

(1) <el-header>：作为页面头部容器，承载整个导航栏的布局。

(2) <el-row>和<el-col>：分别代表行和列，用于实现响应式栅格布局。“:span="16"”和“:span="8"”定义了左右两列的宽度比例。

(3) 左侧列：通过<h2>标签展示系统名称，即“创新工作室后台管理系统”。

(4) 右侧列：包含一个自定义的工具栏.user-toolbar，内部通过<el-dropdown>实现用户操作下拉菜单，包括“新增用户”和“退出系统”选项。图标使用了 Element Plus 图标组件库中的<setting />。

由于在上述导航栏中使用了@element-plus/icons-vue 库中的图标，因此在当前组件 Menu.vue 中导入 Element Plus 的图标组件。Element Plus 图标库提供了一系列 SVG 图标，这些图标以 Vue 组件的形式存在，方便开发者直接在项目中使用，代码如下所示。

```
<script setup>
    import {
      Document,
      Menu as IconMenu,
      Location,
      Setting,
    } from '@element-plus/icons-vue'
</script>
```

上述代码通过使用 Element Plus 快速搭建一个后台管理系统的头部导航栏，通过“pnpm run dev”命令运行项目，在浏览器中显示效果如图 7-2 所示。

图 7-2　导航栏效果图

7.3.4　实现侧边菜单栏

在本节中，利用 Element Plus 框架来构建一个高效、结构清晰的后台管理系统侧边菜单栏。以本书之前介绍的布局为基础，对<el-aside>区域进行改造，添加如下代码以实现一个功能完备的侧边菜单系统。

```
<!--侧边栏区域-->
<el-aside width="300px">
  <!--稍后将被侧边菜单栏代码替换-->
  <el-row class="tac">
    <el-col :span="24">
      <el-menu
          default-active="2"
          class="el-menu-vertical-demo"
          @open="handleOpen"
          @close="handleClose"
```

```
          style="height: 94vh;"
        >
        <el-sub-menu index="2">
          <template #title>
            <el-icon><location /></el-icon>
            <h3>项目管理</h3>
          </template>
          <el-menu-item index="1-1">项目列表</el-menu-item>
          <el-menu-item index="1-2">项目统计</el-menu-item>
          <el-menu-item index="1-3">项目评审</el-menu-item>
        </el-sub-menu>
        <el-menu-item index="2">
          <el-icon><document /></el-icon>
          <h3>团队管理</h3>
        </el-menu-item>
        <el-menu-item index="3">
          <el-icon><document /></el-icon>
          <h3>资源管理</h3>
        </el-menu-item>
        <el-menu-item index="4">
          <el-icon><setting /></el-icon>
          <h3>活动管理</h3>
        </el-menu-item>
      </el-menu>
    </el-col>
  </el-row>
</el-aside>
```

上述代码中,各参数的具体含义如下所示。

(1) 容器定义:<el-aside>组件通过设定宽度为300px,为侧边栏提供了一个固定的布局空间,保证了良好的视觉一致性与跨设备兼容性。

(2) 布局容器:使用<el-row>和<el-col>进一步组织侧边栏内部结构,其中,":span="24""确保菜单组件横跨整个侧边栏宽度。

(3) 核心菜单组件:<el-menu>是侧边栏的核心,通过属性配置设定默认激活项、绑定事件监听器@open和@close以处理菜单的展开和关闭动作,以及通过style属性限制高度,确保菜单在不同屏幕高度下都有良好展现。

(4) 菜单项与子菜单:<el-menu-item>用于定义一级菜单项,而<el-sub-menu>用于构建多级菜单结构,例如,"项目管理"下包含多个子项,通过index属性指定了路由路径,实现了与具体页面的链接。

(5) 图标与文本:在每个菜单项中,通过<el-icon>插入图标元素,增强了视觉识别度,并配合文本说明,提高了用户体验。

通过上述细节的实现,不仅构建了一个功能全面、导航逻辑清晰的侧边菜单栏,还确保了其与Vue应用的路由系统无缝集成,为后台管理系统增添了重要的导航功能。在完成代码调整后，通过前端开发服务器运行项目，即可在浏览器中生成如图 7-3 所示的侧边菜单栏效果。

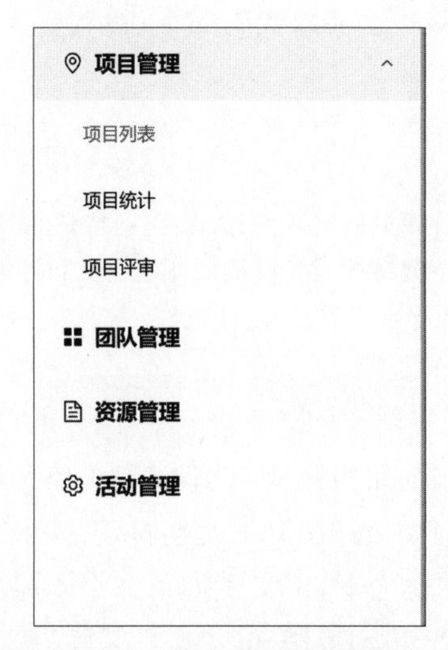

图 7-3　侧边菜单栏效果图

7.3.5　菜单项与路由绑定

本节将详细阐述如何将之前定义的菜单项与 Vue 前端路由系统相结合，实现页面之间的动态切换与导航功能。为简化理解，将为三个示例页面创建独立的组件，并在 router.js 中配置相应的路由规则。

菜单项有"项目列表""项目统计""项目评审"，在项目 src/components 目录下的创建菜单项对应的组件，分别为 ProjectList.vue、ProjectStatistics.vue、ProjectReview.vue。在每个组件中通过文字描述来体现各自的功能需求，而不涉及具体的后端数据交互和复杂逻辑。

(1) 项目列表(ProjectList.vue)，此组件旨在展示项目列表概览，项目基本信息包括名称、负责人、状态等，代码如下所示。

```
<template>
  <div>
    <h2>项目列表</h2>
    <p>此处应展示所有项目的列表，包括项目名称、负责人、状态、开始日期、预计结束日期等信息。可以考虑使用表格或卡片形式展现，支持分页、筛选和排序功能。</p>
  </div>
</template>
```

(2) 项目统计(ProjectStatistics.vue)，代码如下所示。

```
<template>
  <div>
    <h2>项目统计</h2>
    <p>展示项目相关的统计数据，包括已完成项目数、进行中项目数、延期项目数、按部门或成员的项目分布情况等。可以使用图表(如柱状图、饼图、线图)来直观展示数据。</p>
```

```
  </div>
</template>
```

(3) 项目评审(ProjectReview.vue),代码如下所示。

```
<template>
  <div>
    <h2>项目评审</h2>
    <p>此页面用于展示项目评审的流程和结果,包括待评审项目列表、评审进度、评审标准、历史评审记录以及评审报告的下载链接等。应提供评审提交和评论功能的入口,但具体表单提交和交互细节需后端配合实现。</p>
  </div>
</template>
```

在路由 router.js 文件中添加路由规则,确保 URL 路径与组件之间的映射关系正确无误。当用户导航到'/Menu'时,Vue Router 就会自动显示 Menu.vue 组件。该组件承载了侧边栏及主要内容区域。在此之下,定义了如下三个子路由。

(1) /projectlist 映射到 ProjectList.vue。

(2) /projectstatistics 映射到 ProjectStatistics.vue。

(3) /projectreview 映射到 ProjectReview.vue。

这样的设计确保了用户导航到 /menu 下的任何子路径时,Menu.vue 作为容器始终渲染,而具体的子组件内容则在容器内部根据路由变化动态加载。路由配置代码如下所示。

```
//引入路由依赖
import {createRouter, createWebHashHistory} from 'vue-router'
//配置组件访问的路径
const routes=[
    {path: '/login', component: ()=>import("./components/Login.vue"),
    {path: '/menu', component: ()=>import("./components/Menu.vue"),
        children:[
            {path:'/projectlist', component: ()=>import("./components/
            ProjectList.vue")},
            {path:'/projectstatistics', component: ()=>import("./components/
            ProjectStatistics.vue")},
            {path:'/projectreview', component: ()=>import("./components/
            ProjectReview.vue")},
        ]
    },
]
//创建路由实例
const router = createRouter({
    history: createWebHashHistory(),
    routes
})
//将路由实例导出
export default router;
```

上述代码中的嵌套路由机制起到了关键作用，它允许在一个父组件内部定义子路由，从而实现页面结构的深度导航。在本例中，Menu.vue 作为父路由组件，不仅提供了侧边栏等通用布局，还通过内部的<router-view>标签，动态加载子组件，实现了菜单页面内容的即时更新。这样的设计模式极大地提升了应用的模块化和可维护性，同时也为用户提供了平滑的导航体验。

综上所述，通过嵌套路由的应用，成功地将菜单项与各个功能页面绑定，构建了一个灵活且功能明确的后台管理系统导航体系。在完成配置后，用户可直观感受到在浏览器中，随着 URL 的变化，页面内容可以流畅切换与呈现，进一步强化了应用的组织逻辑与可扩展性。当前项目目录结构图如图 7-4 所示。

图 7-4 项目目录结构图

7.3.6 实现页面主体部分

本节旨在实现侧边菜单栏与网页主体内容之间的联动，确保用户点击菜单项时，网页主体区域能够准确无误地展示相应的内容。在本书先前内容中，已为每个菜单项创建了单独的 Vue 组件并完成了路由配置。接下来，本节将这些组件动态集成到网页主体部分，实现菜单导航的互动体验。网页主体部分代码如下所示。

```
<el-main>
    <router-view />
</el-main>
```

<el-main>是 Element UI 布局系统的关键组件，它标识着页面的核心内容区域，即用

户互动的主要场所。嵌入的<router-view>组件是 Vue Router 的关键组件，它充当了一个占位符，根据当前的路由状态动态渲染对应的组件。这意味着，无论是项目列表、项目统计还是项目评审，用户选择的每个页面内容都将在此区域实时更新，实现内容的即时反馈。

为了让侧边菜单与 Vue Router 有效集成，确保点击菜单项能够导航至正确的页面，需要在<el-menu>组件上添加 router＝"true"属性，代码调整如下所示。

```
<el-menu
    default-active="1"
    class="el-menu-vertical-demo"
    @open="handleOpen"
    @close="handleClose"
    style="height: 94vh;"
    router="true"
  >
```

这一步骤让 Element Plus 的菜单组件与 Vue Router 建立了联系，使得菜单项的点击行为能够触发路由变更。随后，对每个<el-menu-item>的 index 属性进行调整，确保它们与路由配置中的路径相匹配，代码如下所示。

```
<el-menu-item index="/projectlist">项目列表</el-menu-item>
<el-menu-item index="/projectstatistics">项目统计</el-menu-item>
<el-menu-item index="/projectreview">项目评审</el-menu-item>
```

通过这种方式，index 属性值直接对应了 Vue Router 配置中的路径名，简化了导航逻辑，使得菜单项点击后自动导航至预期页面，无需额外的事件处理逻辑。

经过上述配置，当用户在浏览器中操作时，点击侧边栏的不同菜单项，网页主体区域将即时响应并展示相应的组件内容，如项目列表、项目统计或项目评审页面，形成了一个流畅的导航体验。网页主体效果图如图 7-5 所示。

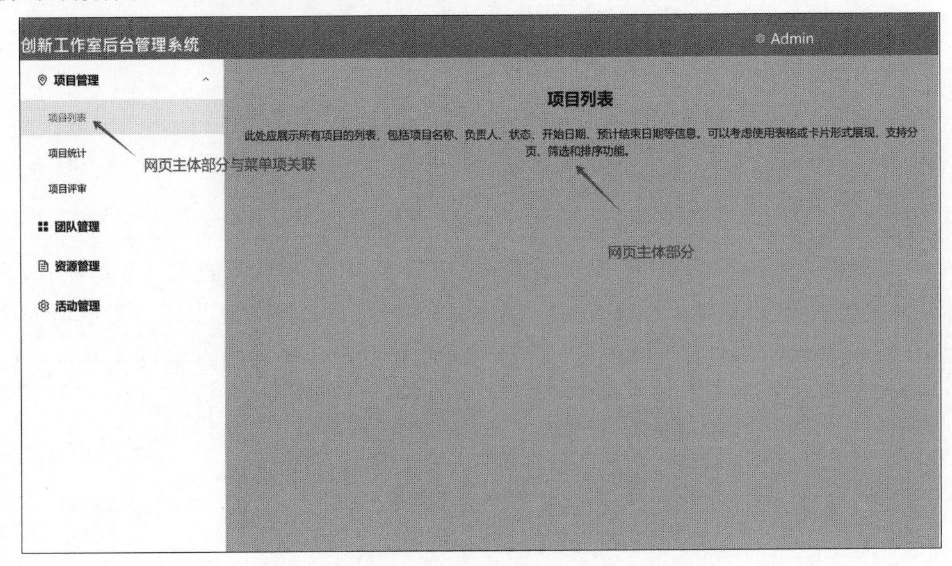

图 7-5　网页主体效果图

7.3.7 实现网页底部

在构建一个完整的后台管理系统页面时，网页底部不仅承载着版权声明和联系方式等重要信息，也是提升用户体验不可忽视的一环。本节利用 Element Plus 的<el-footer>组件来实现这一部分，并通过 CSS 进行样式定制，以增强视觉呈现效果。网页底部呈现相关代码如下所示。

```
<!--网页底部区域-->
<el-footer >
    <div class="footer-content">
        <p>Copyright © 2023 创新工作室. All Rights Reserved.</p>
        <p>联系方式: support@example.com | +86-123-4567-7899</p>
    </div>
</el-footer>
```

为了提升底部区域的视觉效果，通过 CSS 对.footer-content 内的<p>标签进行了简单的样式设置，确保信息的清晰可读且与页面整体风格协调，代码如下所示。

```
.footer-contentp{
  margin: 5px;
  color: white;
  font-size: 14px;
}
```

通过上述实践，展示了 Element Plus 框架在构建响应式页面时的灵活性与 Vue 在组件化开发中的强大能力，为开发高质量的 Web 应用打下了坚实的基础。在实际项目中，当用户通过浏览器访问时，将看到一个结构清晰、布局合理且视觉上和谐的业务管理系统的后台界面，如图 7-6 所示。

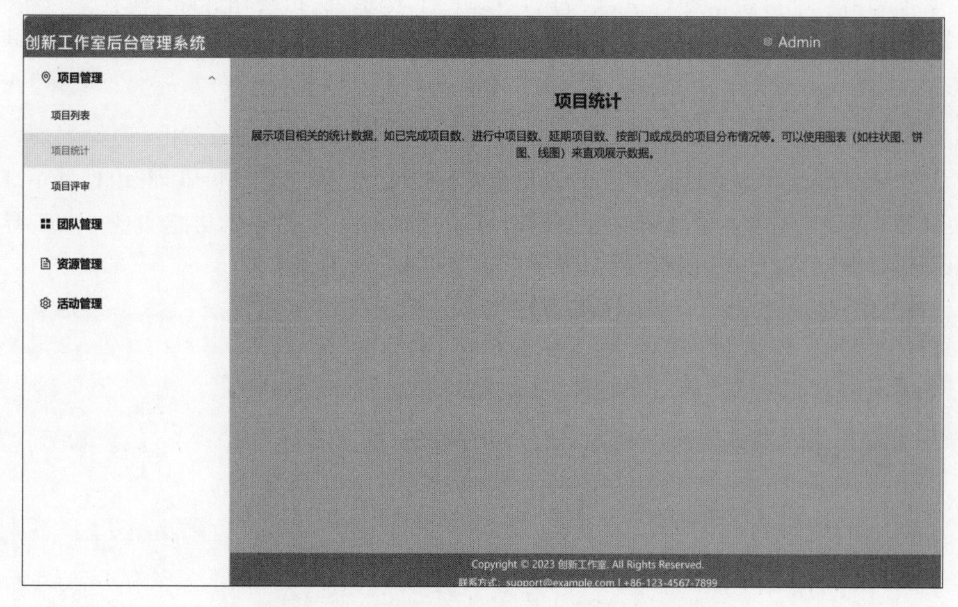

图 7-6　后台管理系统整体页面布局效果图

7.4 注意事项

（1）按需引入与精简组件，Element UI 是一套功能丰富且全面的 UI 框架，囊括了大量组件与样式资源。然而，这同样意味着如果不加选择地全部引入，可能会导致项目体积膨胀，影响加载速度与性能。因此，推荐开发者根据实际项目需求，仅引入必要的组件和样式。利用 Element 官方提供的按需引入功能，可以显著减小打包体积，提升应用的加载效率。

（2）用户在设计嵌套路径初期，应清晰规划应用的路由层级关系，确保每级路由都能准确反映功能模块的隶属与逻辑关系。合理的嵌套层级不仅有助于组织代码结构，也能使用户在导航时有更直观的路径认知。

7.5 实践任务

随着篮球队管理日益复杂，涉及球员、比赛、训练、装备等多个维度，急需一个集中的管理系统来提高管理效率。本项目通过 Vue 3 与 Element Plus 组件库的结合使用，搭建篮球队后台管理系统的页面框架，将助力篮球俱乐部有效追踪球员表现、赛事日程、训练安排及装备库存，确保信息实时更新与高效协同。实践任务要求如下所示。

（1）创建 Vue 项目：使用 Vite 或其他方法创建一个新的 Vue 项目。

（2）配置 Element Plus 主题与全局样式：使用 pnpm 安装 Element Plus 和图标库，并在 Vue 项目中引入它。

（3）页面布局与导航设计：使用 Element Plus 布局组件实现类似的图片布局。头部导航栏为系统标题与用户操作区，其下方为左右布局，其中左侧为菜单栏，右侧为主体内容。头部导航栏部分包括系统名称与用户信息、下拉菜单（包含用户资料、系统设置、退出）。左侧菜单栏采用 Element Plus 的<el-menu>组件，包含“球员管理”“赛程管理”“训练安排”“装备管理”四大核心业务菜单项，每项配以图标。

（4）路由配置与组件开发：在 router.js 中配置各菜单项对应的路由，确保点击左侧菜单时右侧内容区动态切换。开发与菜单项对应的组件，例如，“球员管理”组件展示球员列表、“赛程管理”展示赛事列表。开发初期可用文字描述代替具体功能实现。实现导航菜单与路由联动，确保点击菜单时正确展示对应页面。

（5）启动和测试 Vue 项目：在 IntelliJ IDEA 中运行 Vue 项目。

第 8 章　前后端交互实践

8.1　知 识 简 介

8.1.1　前后端交互流程

视频讲解

Vue 项目和 Spring Boot 的前后端交互通常通过 RESTful API 实现。RESTful API 是一种基于 HTTP 协议的 Web 服务接口设计方式，它使用标准的 HTTP 方法（如 GET、POST、PUT、DELETE 等）来操作资源，前后端交互流程如下所示。

（1）定义 API：在 Spring Boot 后端中定义 RESTful API 接口，用于处理前端发送的请求并返回响应数据。这些接口通常使用 Spring MVC 或 Spring WebFlux 等框架来实现。

（2）发送请求：在 Vue 前端中，使用 Axios 等 HTTP 客户端库发送 HTTP 请求到后端 API 接口。请求中通常包含要操作的资源 ID、查询参数或其他必要信息。

（3）处理请求：Spring Boot 后端接收到请求后，根据请求的类型和内容执行相应的业务逻辑。例如，如果请求是查询用户信息，后端会从数据库中查询用户数据并封装成 JSON 格式返回给前端。

（4）接收响应：Vue 前端接收到后端返回的响应数据后，可以根据需要进行处理。例如，将响应数据展示在页面上或更新 Vue 组件的状态等。

8.1.2　Axios 概述

Axios 是一个功能强大且易于使用的 HTTP 客户端库，用于在浏览器和 Node.js 环境中发送 HTTP 请求。它并不是 Vue.js 框架的一部分，但可以与 Vue.js 结合使用。Axios 基于 XMLHttpRequest 对象进行网络请求，并利用 Promise API（JavaScript 中处理异步操作的一种机制）提供了一种更简洁、可靠的方式来处理异步操作。

Axios 主要作用如下所示。

（1）发送 HTTP 请求：Axios 提供了多种方法来发送不同类型的 HTTP 请求，例如 GET、POST、PUT、DELETE 等。

（2）处理请求和响应：Axios 提供了对请求和响应进行处理的方法，例如，设置请求头、设置请求超时时间、处理请求错误等。

（3）管理请求和取消请求：Axios 允许用户管理多个并发请求，并提供了取消请求的能力。

（4）处理请求拦截和响应拦截：Axios 允许用户添加请求拦截器和响应拦截器，以在请求发送前和响应返回后执行自定义逻辑。

（5）处理请求进度：Axios 提供了处理请求上传和下载进度的能力，使用户能够监测请求的进度。

8.2 实践目的

通过该实践,用户可以掌握创建组件开发、前后端数据交互等知识点,培养针对实际需求进行 Web 全栈开发的能力。

8.3 实践范例

结合第 2 章的 CRUD 案例和第 6 章,实现 CRUD 前后端交互,下面是详细的实践步骤。

8.3.1 Vue 3 中安装 Axios

在第 7 章新建的 Vue 项目中,集成 Axios 作为 HTTP 客户端库是至关重要的步骤,以便与后端服务器进行数据交互。Axios 以其简洁的 API 和强大的功能,成为 Vue 应用中处理异步 HTTP 请求的首选工具。使用包管理器在当前项目下安装 Axios,命令如下所示。

```
#选择下列一个包管理器进行安装
pnpm install axios
```

8.3.2 数据分页显示

本节通过创建 UserList.vue 组件,在 Vue 应用中通过 Element Plus 使用数据表格和分页组件,实现数据的分页操作,主要分为以下 4 个步骤。

(1) 在 src/components 目录新建 UserList.vue,代码如下所示。

```
<template>
  <div style="padding:20px;">
    <!--el-table 数据表格组件-->
    <el-table
        :data="userData"
        :header-cell-style="{ background: '#f6f9fa'}">
      <!--el-table-column 列-->
      <el-table-column prop="id" label="ID" width="150"></el-table-column>
      <el-table-column prop="name" label="姓名" width="100"></el-table-column>
      <el-table-column prop="gender" label="性别" width="100"></el-table-
      column>
      <el-table-column prop="birth" label="出生日期" width="200"></el-table-
      column>
      <el-table-column label="操作" min-width="180">
        <template #default="{ row }">
        <el-button type="primary" size="small" :icon="Edit"
        @click="handleEdit(row)">编辑</el-button>
```

```
          <el-button type="danger" size="small":icon="Delete"
          @click="handleDelete(row)">删除</el-button>
        </template>
      </el-table-column>
    </el-table>
    <!--分页组件-->
    <el-pagination
        background
        v-model:current-page="currentPage"
        v-model:page-size="pageSize"
        :page-sizes="[5, 10, 20]"
        :total="total"
        layout="prev, pager, next, sizes"
        @size-change="handleSizeChange"
        @current-change="handleCurrentChange"
    />
  </div>
</template>
<script setuplang="ts">
//导入图标组件
import { Plus, Delete, Edit } from '@element-plus/icons-vue'
//导入 axios
import axios from 'axios'
import { ref, onMounted, computed} from 'vue'
import {ElMessage, ElMessageBox} from "element-plus";
const userData = ref([])          //定义用户信息数据
//组件挂载到 DOM 后执行后端数据加载
onMounted(() => {
    getData()
})
const currentPage = ref(1);       //定义当前页码
const pageSize = ref(5);          //定义每页显示记录数
const total = ref(0);             //总记录数
//获取当前页数据
const getData = () => {
    axios.get('http://localhost:8080/user/findByPage', {
      params: {
      pageNum: currentPage.value,
      pageSize: pageSize.value
      }
  }).then(response => {
        userData.value = response.data.records;
        total.value = response.data.total;
      })
```

```
    .catch(error => {
      console.error(error);
    });
};
//处理页码变化点击事件
const handleCurrentChange = (pageNum) => {
  currentPage.value = pageNum;
  getData();
};
//处理每页显示多少条事件
const handleSizeChange=(pagesize)=>{
  pageSize.value=pagesize;
  getData();
}
function handleEdit(row) {    //处理编辑按钮点击事件
  console.log('点击编辑按钮:', row)
}
function handleDelete(row) {  //处理删除按钮点击事件
  console.log('点击删除按钮:', row)
}
</script>
<style scoped>
/* 在 Element Plus 中,可使用组件名称的类选择器选择对应组件,从而修改默认组件样式 */
.el-pagination {                /* 选择分页组件,默认采取 Flex 布局 */
  justify-content: center;    /* 水平方向居中对齐 */
  margin-top: 8px;
}
</style>
```

上述代码的核心功能是展示一个用户数据列表,并为每个用户提供了编辑和删除的操作按钮。组件结构与功能说明如下所示。

① 模板部分:采用 Element Plus 的 el-table 和 el-pagination 组件,前者用于数据展示,后者负责分页控制。每行数据末尾包含编辑和删除按钮,绑定至相应的事件处理函数。

② 脚本设置:通过 Vue 的 Composition API,利用 ref 定义响应式数据,并在 onMounted 生命周期钩子中调用 getData 方法初始化数据。getData 方法通过 Axios 发送请求至后端接口,获取分页数据。同时定义了分页处理函数 handleCurrentChange 和 handleSizeChange,以及操作按钮的响应函数 handleEdit 和 handleDelete。

③ 样式调整:通过 scoped 样式调整分页组件的布局,确保布局美观与功能性较强。

(2) 在路由 router.js 文件中添加路由记录,确保访问/UserList 路径时渲染 UserList.vue 组件,代码如下所示。

```
const routes=[
```

```
  {
    path: '/login', component: ()=>import("./components/Login.vue")
  },
{
    path: '/menu', component: ()=>import("./components/Menu.vue"),
        children:[
            {path:'/projectlist', component: ()=>import("./components/
            ProjectList.vue")},
            {path:'/projectstatistics', component: ()=>import("./components/
            ProjectStatistics.vue")},
            {path:'/projectreview', component: ()=>import("./components/
            ProjectReview.vue")},
        ]
  },
  {
    path:'/UserList', component:()=>import("./components/UserList.vue")
  },
]
```

(3) 在 Spring Boot 后端项目中,使用@CrossOrigin 注解开放跨域限制,以允许前端应用请求数据。因此在第 2 章的 Spring Boot 项目中,在 UserController 类上面,加上@CrossOrigin 注解。

```
@CrossOrigin
@RestController
public class UserController{
    @Autowired
    UserMapper userMapper;
    //查询所有用户, URL: http://localhost:8080/user
    @GetMapping("/user")
    public List<User> getUsers(){
        return userMapper.selectList(null); }
    //新增用户
    @PostMapping("/user")
    public User createUser(@RequestBody User user) {
        userMapper.insert(user);
        return user;
    }
    //修改用户
    @PutMapping("/user/{id}")
    public User updateUser (@ PathVariable ( " id") int id, @ RequestBody User
user) {
        User existingUser =userMapper.selectById(id);
        if (existingUser != null) {
            user.setId(id);
```

```
            userMapper.updateById(user);
            return user;
        } else {
            return null;
        }
    }
    //删除用户
    @DeleteMapping("/user/{id}")
    public int delUser(@PathVariable("id") int id) {
        return userMapper.deleteById(id);
    }
    //批量删除
    @DeleteMapping("/user/batch")
    public int delUserBatch(@RequestBody List<Long> ids) {
        return userMapper.deleteBatchIds(ids);
    }
    //分页查找
    @GetMapping("/user/findByPage")
    public IPage getUserList(@RequestParam("pageNum") Integer pageNum,
                             @RequestParam("pageSize") Integer pageSize) {
        Page<User> page = new Page<>(pageNum, pageSize);
        QueryWrapper<User> queryWrapper = new QueryWrapper<>();
        queryWrapper.orderByDesc("id");            //根据 id 字段降序排序
        page.addOrder(OrderItem.desc("id"));       //添加降序排序条件
        IPage ipage =userMapper.selectPage(page, null);
        return ipage;
    }
    //模糊查找
    @GetMapping("/userByName/{name}")
    public List<User> findByName(@PathVariable String name) {
        QueryWrapper<User> queryWrapper = new QueryWrapper<>();
        queryWrapper.like("name", name);
        return userMapper.selectList(queryWrapper);
    }
}
```

(4) 启动前端和后端项目，确保后端 UserController 中提供了分页查询用户列表的接口，支持接收页码和页面大小参数。在网页端访问 http://127.0.0.1:5173/#/UserList，运行结果如图 8-1 所示。

8.3.3 数据按字段排序

排序步骤分为如下三步。

(1) 该界面与 7.3.2 节差别不大，在<el-table>标签中绑定排序事件，在 ID 列添加排

ID	姓名	性别	出生日期	操作
10	朱璐斌	女	2003-06-15	编辑 删除
9	王彬华	女	2004-07-28	编辑 删除
8	张磊慧	男	2000-11-12	编辑 删除
7	徐义文	女	2015-01-06	编辑 删除
6	孙钰	女	1990-02-20	编辑 删除

< 1 2 > 5/page

图 8-1　查询用户界面

序属性 sortable,即数据表格可以根据 ID 属性进行排序,代码如下所示。

```
<el-table
        :data="userData"
        :header-cell-style="{ background: '#f6f9fa' }"
        @sort-change="handleSortChange">
      <el-table-column prop="id" label="ID" width="80" sortable></el-table-
column>
```

上述代码在 el-table 中绑定@sort-change 事件,当用户点击表格列头时,该方法会被调用,并传入当前表格的排序状态。排序状态包含 prop 和 order 两个属性。prop 表示当前被点击列的字段名称,order 表示当前表格的排序方式,包含两个值,其中'ascending'表示升序排列,'descending'表示降序排列。

(2) 在<script></script>标签中新增排序事件函数 handleSortChange,代码如下所示。

```
//字段排序
//定义 handleSortChange 方法, 接收 sortData 参数
const handleSortChange = (sortData) => {
  //解构 sortData 参数, 得到 prop 和 order 两个属性
  const { prop, order } = sortData;
  //使用 sort 方法对 userData 数组进行排序, 并更新其值
  userData.value =userData.value.sort((a, b) => {
    if (order === 'ascending') { //升序排序
      return a[prop] > b[prop] ? 1 : -1;
    } else { //降序排序
      return a[prop] < b[prop] ? 1 : -1;
    }
  });
}
```

上述代码通过访问 sortData 参数的 prop 和 order 属性,实现了对表格数据的排序。首先根据 order 属性的值,判断数据是升序还是降序排列;然后再使用 JavaScript 的 sort()方

法，对表格数据进行排序；最后将排序后的结果赋值给响应式变量 userData。

(3) 完成上述配置后，启动前端和后端项目，访问相应页面，即可体验数据按字段排序的功能。预期效果如图 8-2 所示，用户点击表头时，表格数据会依据所选列的 ID 进行升序或降序排列，直观地展示数据排序的动态效果。

ID ⇕	姓名	性别	出生日期	操作
1	孙文	男	2004-01-07	编辑 删除
2	林毅	男	1991-07-23	编辑 删除
3	杨佳	男	2014-01-21	编辑 删除
4	林义磊	男	1994-06-18	编辑 删除
5	王菲楠	女	1999-12-28	编辑 删除

按ID排序

< 1 2 > 5/page

图 8-2 按 ID 字段排序

8.3.4 实现数据模糊查询

实现数据模糊查询的步骤分为以下三步。

(1) 在数据表格的顶部集成搜索功能，以实现按姓名进行模糊查询。利用 Element Plus 的 el-input 组件创建一个搜索框，代码如下所示。

```
<el-input v-model="sname" placeholder="请输入姓名搜索"
  @input="handleSearchName" :prefix-icon="Search">
</el-input>
```

上面代码使用了 el-input 组件，该组件用于接收用户输入并将输入的值绑定到 Vue 实例数据属性 sname 中。各个属性的具体解释如下所示。

① v-model="sname"：将输入框的值与 Vue 实例中的 sname 数据属性进行双向绑定。这意味着当输入框的值发生变化时，sname 的值也会随之更新。

② placeholder="请输入姓名搜索"：设置输入框的占位符文本。

③ @input="handleSearchName"：绑定 input 事件监听器，当输入框的值发生变化时，Vue 会自动将新的输入框值作为参数传递给 handleSearchName 方法，方便用户使用这个新值执行搜索操作。

④ :prefix-icon="Search"：设置输入框左侧的图标。注意，此图标组件需单独导入。

(2) 在<script>标签内部，编写 handleSearchName 方法来处理模糊查询逻辑，代码如下所示。

```
//按姓名搜索处理方法
const handleSearchName = (val) => {
  if(val.length>0){     //输入框有内容
    axios.get(`http://localhost:8080/userByName/${val}`).then(response=>{
      userData.value=response.data
    }).catch(error=>{
```

```
      console.error(error)
    })
  }else {                    //输入框无内容,显示当前数据
    getData()
  }
}
```

该方法根据输入框的值 val 发起 HTTP GET 请求到后端接口进行模糊查询,成功时更新 userData 的值,否则捕获并打印错误信息。若输入框清空,则重新加载所有数据。上述代码中的 $ {val}是模板字符串的占位符,它会被 val 变量的值替代。例如,val 的值为张三,那么构建的 URL 为 http://localhost:8080/userByName/张三。

(3) 完成上述配置后,启动前端与后端项目,访问相关页面。此时,用户能够在搜索框中输入姓名“孙”进行模糊查询,系统将实时反馈匹配结果,如图 8-3 所示。

孙

ID ⇕	姓名	性别	出生日期	操作
1	孙文	男	2004-01-07	编辑 删除
6	孙钰	女	1990-02-20	编辑 删除

‹ 1 2 › 5/page

图 8-3 模糊查询

8.3.5 实现用户信息的添加

实现用户信息的添加的步骤分为以下四步骤。

1. 在 UserList.vue 文件的<el-table>标签上面增加“添加数据”按钮以及弹窗组件

将搜索框与数据添加按钮放置在同一个 div 容器中,代码如下所示。

```
<template>
  <div style="padding:20px;">
    <div class="topTool">
      <el-input v-model="sname" placeholder="请输入姓名搜索" @input=
      "handleSearchName" :prefix-icon="Search">
     </el-input>
      <el-button type="primary" :icon="Plus" @click="handleAdd" style=
      "margin-left: 20px;">添加数据</el-button>
    </div>
    <!--el-table 数据表格组件-->
    <el-table
        :data="userData"
        :header-cell-style="{ background: '#f6f9fa'}"
        @sort-change="handleSortChange">
      <!--el-table-column 列-->
      <el-table-column prop="id" label="ID" width="150" sortable></el-table-
```

```
column>
  <el-table-column prop="name" label="姓名" width="100"></el-table-column>
  <el-table-column prop="gender" label="性别" width="100"></el-table-
column>
  <el-table-column prop="birth" label="出生日期" width="200"></el-table-
column>
  <el-table-column label="操作" min-width="180">
    <template #default="{ row }">
      <el-button type="primary" size="small" :icon="Edit" @click=
      "handleEdit(row)">编辑</el-button>
      <el-button type="danger" size="small" :icon="Delete" @click=
      "handleDelete(row)">删除</el-button>
    </template>
  </el-table-column>
</el-table>
<!--分页组件-->
<el-pagination
   background
   v-model:current-page="currentPage"
   v-model:page-size="pageSize"
   :page-sizes="[5, 10, 20]"
   :total="total"
   layout="prev, pager, next, sizes"
   @size-change="handleSizeChange"
   @current-change="handleCurrentChange"
/>
<!--弹窗组件-->
<el-dialog v-model="dialogFormVisible" :title="dialogTitle">
  <el-form :model="tableform">
    <el-form-item label="姓名" :label-width="100">
      <el-input v-model="tableform.name" autocomplete="off"/>
    </el-form-item>
    <el-form-item label="性别" :label-width="100">
      <el-radio-group v-model="tableform.gender">
        <el-radio label="男">男</el-radio>
        <el-radio label="女">女</el-radio>
      </el-radio-group>
    </el-form-item>
    <el-form-item label="出生年月" :label-width="100" style="width: 100%">
      <el-date-picker
          v-model="tableform.birth"
          type="date"
          placeholder="选择日期"
          format="YYYY-MM-DD"
          value-format="YYYY-MM-DD"
      />
    </el-form-item>
  </el-form>
  <template #footer>
```

```
<span class="dialog-footer">
  <el-button type="primary" @click="dialogOk">
    确定
  </el-button>
</span>
  </template>
</el-dialog>
 </div>
</template>
```

上述代码中,各个属性的具体解释如下所示。

(1) <el-dialog v-model="dialogFormVisible" :title="dialogTitle">:定义对话框组件,并绑定一个名为 dialogFormVisible 的 Boolean 型数据,用于控制对话框的显示和隐藏。并将父组件中的 dialogTitle 属性绑定到对话框组件的 title 属性上,用于设置对话框的标题。

(2) <el-form :model="tableform">:定义表单组件,并通过冒号语法,将父组件中的 tableform 对象绑定到表单组件的 model 属性上,用于设置表单的数据模型。

(3) <el-form-item label="姓名" :label-width="100">:定义一个表单项组件,并设置标签(label)为"姓名"、标签宽度为 100px。

(4) <el-input v-model="tableform.name" autocomplete="off"/>:定义一个输入框组件,并通过 v-model 指令将表单数据模型中的 name 属性与输入框的值进行双向绑定。autocomplete="off" 属性用于关闭输入框的自动完成功能。

(5) <el-form-item label="出生年月" :label-width="100">:定义另一个表单项组件,并设置标签为"出生年月",标签宽度为 100px。

```
(6) <el-date-picker
        v-model="tableform.birth"
        type="date"
        placeholder="选择日期"
        format="YYYY-MM-DD"
        value-format="YYYY-MM-DD"
    />
```

定义一个日期选择器组件,并通过 v-model 指令将表单数据模型中的 birth 属性与日期选择器的值进行双向绑定。type 属性设置为 date,表示选择日期。placeholder 属性设置为"选择日期",用于设置日期选择器的提示文字。format 属性设置为"YYYY-MM-DD",表示日期选择器的显示格式。value-format 属性同样设置为"YYYY-MM-DD",表示日期选择器的值的格式。

```
(7) <template #footer>
    <span class="dialog-footer">
      <el-button type="primary" @click="dialogOk">
        确定
```

```
        </el-button>
      </span>
      </template>
```

定义一个插槽(Slot)模板,用于自定义对话框的底部区域。这里定义了一个按钮组件,单击后触发 dialogOk 方法。按钮的文本为"确定",且按钮类型为 primary。

2. 在<script setup>部分,定义了几个关键响应式变量和方法来管理弹窗逻辑与数据交互

代码如下所示。

```
<script setup>
    //省略之前的代码
    const dialogFormVisible = ref(false)  //设置弹窗不显示
    const tableform = ref({})              //弹窗表单数据
    const dialogType = ref('add')          //初始化弹出框的类型为增加弹窗
    //处理增加按钮点击事件
    const handleAdd = () => {
      dialogFormVisible.value = true
      dialogType.value = 'add'
      tableform.value = {gender: '男'}      //清空表单数据, 并设置性别默认值为男
    }
    //设置弹窗的标题
    const dialogTitle = computed(() => {
      return dialogType.value === 'add' ? '新增数据' : '编辑数据'
    })
    //处理弹窗确认按钮点击事件
    const dialogOk = () => {
      dialogFormVisible.value = false
      if (dialogType.value === 'add') {
        const newUser = { ...tableform.value }
        console.log(newUser)
        axios.post('http://localhost:8080/user', newUser)
        .then(response => {     //处理成功响应
          getData();            //在添加数据后调用获取数据的方法
        })
        .catch(error => {       //处理错误
          console.log(error);
        });
    }
}
</script>
```

(1) 响应式数据声明如下所示。

① dialogFormVisible: 用于控制弹窗的显示与隐藏,初始值为 false 表示弹窗默认不显示。

② tableform: 用来存储表单数据的响应式对象,初始值为空对象,用于保存用户输入的信息。

③ dialogType：用于区分弹窗的类型，初始值为'add'，表示弹窗用于添加新数据。

(2) 方法定义如下所示。

① handleAdd：此方法被调用时，会打开一个用于添加新数据的弹窗。它将 dialogFormVisible 设置为 true，重置 dialogType 为'add'，并初始化 tableform 的性别字段为'男'。

② dialogTitle：通过 computed 计算属性动态生成弹窗的标题，根据 dialogType 的值判断是显示“新增数据”还是“编辑数据”。

③ dialogOk：此方法处理弹窗的确认(OK/提交)按钮点击事件。它关闭弹窗(设置 dialogFormVisible 为 false)，如果当前操作是添加(dialogType === 'add')，则创建一个新的用户对象 newUser，浅拷贝 tableform 的值，避免直接修改响应式数据源。

④ 使用 axios 的 post 方法向服务器发送添加用户的请求，目标 URL 为'http://localhost:8080/user'。在请求成功后，通过调用 getData 方法来刷新表格数据，确保界面显示最新的数据列表；如果请求失败，则在控制台打印错误信息。

3. .toolbar 类样式通过 CSS 进行调整，确保元素之间有良好的布局和间距

新增如下代码。

```
<style scoped>
    .topTool{
      display: flex;
      justify-content: space-between;margin-bottom: 8px;
    }
</style>
```

4. 完成以上步骤后，启动前端与后端应用程序

上述代码运行效果如图 8-4 所示。通过代码单击“添加数据”按钮触发弹窗，输入相关信息后，单击“确定”即可将新用户数据发送至服务器，服务器响应后，页面上的用户列表应即时反映出新增的数据条目。

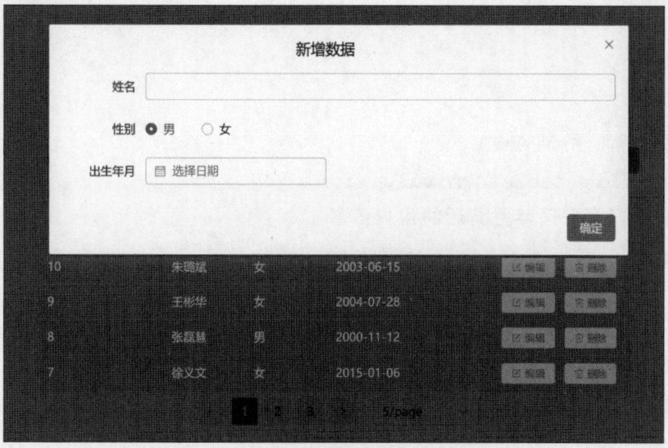

图 8-4　新增用户界面

8.3.6 实现用户信息的修改

实现用户信息修改的步骤分为以下三步。

(1) 修改编辑按钮点击事件 handleEdit,这一环节中,当用户点击表格中的“编辑”按钮时,弹窗会正确显示并预先填入当前用户的详细信息,为接下来的修改操作做好准备,代码如下所示。

```
<script lang="ts" setup>
  //省略其他代码
  function handleEdit(row) {        //处理编辑按钮点击事件
    dialogFormVisible.value = true
    tableform.value = {...row}
    dialogType.value = 'edit'
  }
</script>
```

(2) 修改弹窗确认按钮点击事件 dialogOk,给上述 if 语句加上 else,代码如下所示。

```
<script lang="ts" setup>
  //省略其他代码
  //处理弹窗确认按钮点击事件
  const dialogOk = () => {
    dialogFormVisible.value = false
    if (dialogType.value === 'add') {
      const newUser = { ...tableform.value }
      console.log(newUser)
      axios.post('http://localhost:8080/user', newUser)
          .then(response => {      //处理成功响应
           getData();              //在添加数据后调用获取数据的方法
      })
      .catch(error => {            //处理错误
        console.log(error);
      });
  }
else {
    //获取要更新的用户的 ID
    const userId = tableform.value.id;
    //创建一个副本来保存更新后的用户信息
    const updatedUser = { ...tableform.value };
    //发送 HTTP PUT 请求来更新用户信息
    axios.put(`http://localhost:8080/user/${userId}`, updatedUser)
      .then(response => {
        //处理成功响应
        ElMessage({type: 'success', message: '修改成功!'})
        //重新获取数据, 更新表格显示
```

```
          getData();
        })
        .catch(error => {
          //处理错误
          console.error('用户更新失败');
          console.error(error);
        });
      }
    }
</script>
```

上述代码中增加 else 分支,实现了用户信息修改的逻辑。该逻辑识别出当前操作为编辑模式后,提取用户 ID,构造更新请求,并利用 HTTP PUT 方法向服务器发送更新指令。修改成功或失败后,通过消息提示用户操作结果。

(3) 启动前端与后端项目,实际运行效果如图 8-5 所示。用户单击"编辑"按钮后,在弹窗内修改信息,确认提交后,系统即时反映更新结果。

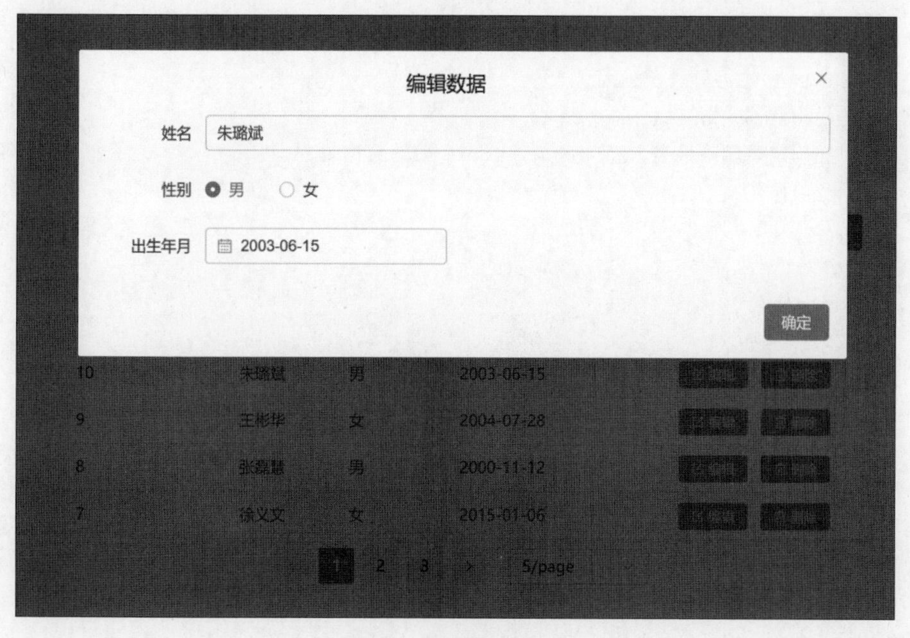

图 8-5 数据编辑界面

8.3.7 实现用户信息的单条删除

实现用户信息的单条删除步骤分为以下三步。

(1) 在脚本标签中新增一个名为 delrow 的方法,专门用于处理单条用户数据的删除逻辑。该方法接收用户对象作为参数,从中提取用户 ID,并通过 HTTP DELETE 请求向服务器发出删除指令,代码如下所示。

```
//删除行数据
const delrow = (row) => {
```

```
//获取要删除的用户的 ID
  const userId = row.id;
  //发送 HTTP DELETE 请求来删除用户
  axios.delete(`http://localhost:8080/user/${userId}`)
    .then(response => {
      //处理删除成功后的逻辑,例如重新加载数据
      getData();
    })
    .catch(error => {
      //处理错误
      console.error(error);
    });
};
```

(2) 调整删除按钮的单击事件处理函数 handleDelete,以引入用户确认对话框。此步骤通过 Element Plus 的 ElMessageBox.confirm 组件实现,确保用户在删除操作前进行二次确认,提升操作的安全性和用户体验,代码如下所示。

```
//处理删除按钮单击事件
function handleDelete(row) {
  ElMessageBox.confirm(
      '您确定要删除姓名为【' + row.name + '】的数据吗?',
      '危险操作',

  ).then(() => {
      delrow(row)
      ElMessage({
        type: 'success',
      message: '完成删除! ',
    })
  })
      .catch(() => {
        ElMessage({
          type: 'info',
          message: '取消删除!',
        })
      })
}
```

该函数首先调用 ElMessageBox.confirm 方法显示一个带有“确定”和“取消”按钮的消息框,询问用户是否确认删除当前行数据。消息框中的文本包括要删除的数据的名称。如果用户单击“确定”按钮,则调用 delrow 函数删除当前行数据,并使用 ElMessage 方法显示一个带有成功图标的消息,告诉用户已经完成删除操作。如果用户单击“取消”按钮,则使用 ElMessage 方法显示一个带有信息图标的消息,告诉用户已经取消删除操作。

ElMessageBox.confirm 和 ElMessage 都是 Element Plus 框架提供的组件,用于显示

消息框和消息提示。函数 delrow 用于删除表格中的某行数据。

(3) 启动前端与后端应用,测试用户删除功能。用户在单击"删除"按钮时,会收到一个明确的确认对话框,要求确认是否继续操作,确保了操作的非误触控。同时,增加了成功或取消删除后的消息提示,运行效果如图 8-6 所示。

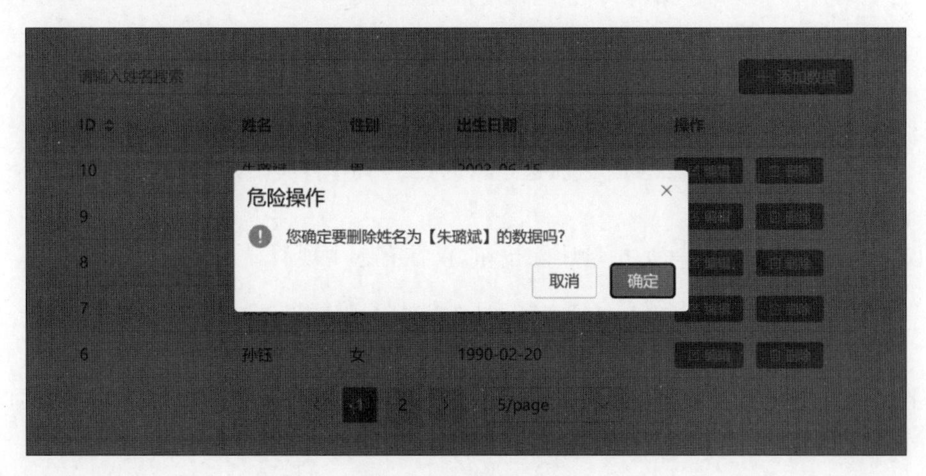

图 8-6　数据删除界面

8.3.8　实现用户信息的多条删除

实现用户信息的多条删除的步骤分为以下五步。

(1) 数据表格添加多选框,允许用户勾选多个用户行进行批量操作,添加如下代码。

```
<el-table
      :data="displayedItems"
      :header-cell-style="{ background: '#f6f9fa'}"
      @sort-change="handleSortChange"
      empty-text="暂无数据"
      @selection-change="handleSelectionChange">
  <el-table-column type="selection"/>
```

上述代码中,empty-text 属性设置表格为空时的提示文本为"暂无数据",默认为英文。@selection-change 属性绑定 handleSelectionChange 方法。

el-table-column 组件则表示 el-table 的一列,其中 type 属性设置为 selection,表示这一列是一个选择列,用于支持用户选择表格中的行。当用户勾选某行时,表格组件会自动将该行的数据记录到内部的已选数据集合中,当用户取消勾选某行时,该行的数据会从已选数据集合中移除,同时,selection-change 事件会触发。

(2) 创建 handleSelectionChange 方法,用于收集并管理用户选中的用户 ID,代码如下所示。

```
//创建响应式变量 multipleSelection, 用于存储当前选中的数据行
let multipleSelection = ref([])
//处理表格行选中状态变化的方法, val 是当前选中的数据行数组
const handleSelectionChange = (val) => {
```

```
  //清空数组，确保每次更新都是最新选中状态
  multipleSelection.value = []
  val.forEach(item => { //遍历选中的数据行数组
    multipleSelection.value.push(item.id)
    //将选中的每一行数据存入 multipleSelection 数组中
  })
}
```

上述代码中，multipleSelection 为响应式数组，用于存储被选中行的 ID。handleSelectionChange 方法接收当前选中行的数组 val，然后映射转换为 ID 数组并更新 multipleSelection。

(3) 在界面上方添加一个批量删除按钮，仅在有选中项时显示，代码如下所示。

```
<el-button type="danger" :icon="Delete" @click="handleDelList"
  v-if="multipleSelection.length>0">删除选中数据</el-button>
```

上述代码是一个带有删除图标的按钮，当 multipleSelection 数组长度大于 0，即有选中项时，显示删除按钮，单击按钮将调用 handleDelList 方法来删除选中的数据。

(4) 实现 handleDelList 方法，弹出确认框询问用户是否确认删除，并处理批量删除逻辑，代码如下所示。

```
//删除多条数据
const handleDelList = () => {
  ElMessageBox.confirm(
      '您确定要删除选择的数据吗?',
      '危险操作',
    ).then(() => {
    const userIds = multipleSelection.value;
    axios.delete('http://localhost:8080/user/batch', { data: userIds })
        .then(response => {
          //处理删除成功后的逻辑，例如重新加载数据
          getData();
          ElMessage({ type: 'success', message: '完成批量删除！' });
        })
        .catch(error => {
          console.error(error);
          ElMessage({ type: 'error', message: '删除失败！' });
        });
  }).catch(() => {
    ElMessage({ type: 'info', message: '取消删除!' });
  });
}
```

上述代码调用 ElMessageBox.confirm 弹出确认框，询问用户是否要删除选择的数据。确认后，将选中的用户 ID 数组作为请求体，发起 DELETE 请求至服务器的批量删除接口，并弹出提示信息 ElMessage 表示删除成功。用户单击取消，则弹出提示信息

ElMessage 表示取消删除操作。其中，multipleSelection.value 表示选中数据对象数组，这里特指用户 ID 数组。

（5）完成上述步骤后，启动前端和后端项目，实际运行效果如图 8-7 所示。

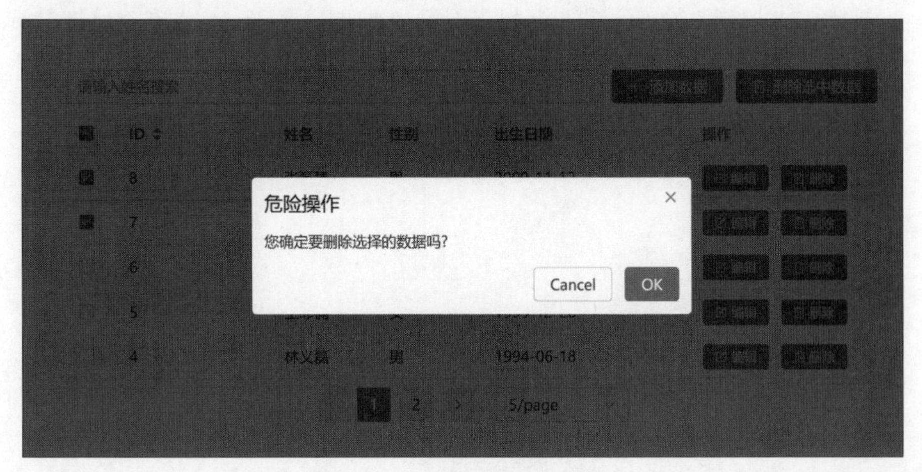

图 8-7　数据批量删除界面

8.4　注意事项

（1）由于前后端通常部署在不同的服务器上，因此可能会遇到跨域问题。可以通过在后端设置 CORS（跨源资源共享）策略或使用代理服务器来解决。

（2）在前后端交互场景中，JSON（JavaScript Object Notation）已成为业界广泛接受的数据交换格式。其轻量、易于阅读且兼容性良好的特性，能有效促进数据的高效传递与处理。

8.5　实践任务

在第 2 章实践任务“书籍管理系统”的基础上，使用 Vue 3＋Element Plus 框架技术，结合 Spring Boot＋MyBatis-Plus 框架技术，实现系统的前端界面并与后端进行交互，以提供用户友好的操作环境。具体要求如下所示。

（1）使用 Vue.js 与 Element Plus 搭建前端项目：通过 Vite 快速初始化项目结构，集成 Element Plus UI 框架，为前端应用奠定基础。确保安装必要的依赖包，例如，安装 Axios 用于处理 HTTP 请求。

（2）配置 Vue Router：配置 Vue Router 以实现前端页面的路由跳转，包括书籍列表、书籍详情、新增/编辑书籍页面等。

（3）书籍列表页面：设计并实现一个展示书籍信息的列表界面，包含书籍 ID、书名、作者、出版社和出版日期等字段。利用 Element Plus 组件美化界面，并实现分页、排序、模糊搜索等功能。通过 Axios 调用后端接口获取数据，动态渲染列表。

（4）书籍编辑页面：设计书籍详情展示页面及编辑页面，允许用户查看单个书籍的详细信息以及编辑书籍信息。利用表单组件收集编辑后的数据，提交至后端进行更新。

(5) 新增书籍页面：创建一个表单页面，收集书籍的所有必要信息，实现向后端发送新增书籍的请求。

(6) 删除与批量删除操作：在书籍列表页面添加删除按钮，支持单个或批量选择书籍进行删除的操作，触发相应后端 API 进行数据删除。

第 9 章　集成 ECharts 图表实践

9.1　知 识 简 介

9.1.1　ECharts 概述

ECharts(Enterprise Charts)是由百度公司推出的开源数据可视化库,广泛应用于数据分析、商业展示等领域。其强大的功能和灵活的配置,使得用户可以轻松创建多种类型的图表。ECharts 基于 HTML5 Canvas 技术,具备高效的数据渲染能力,并且在性能和兼容性方面表现出色。无论是简单的静态图表还是复杂的交互式图表,ECharts 都能满足用户的需求。ECharts 的核心特点如下。

(1) 高性能:ECharts 使用 Canvas 绘图技术,能够高效处理大量数据,确保在处理大规模数据时仍能保持流畅的操作体验。其内部的优化算法和数据管理机制,使得图表在渲染和交互过程中保持高性能表现。

(2) 丰富的图表类型:ECharts 支持多种常见的图表类型,如折线图、柱状图、饼图、散点图、雷达图等。此外,还提供了地图、关系图、热力图、树图等高级图表,满足不同场景下的数据可视化需求。

(3) 高度定制化:ECharts 的配置项非常灵活,用户可以根据需要对图表进行深度定制。无论是图表的颜色、字体、边距还是动画效果,都可以通过简单的配置项进行调整,打造个性化的图表样式。

(4) 跨平台支持:ECharts 在 PC 端和移动端都表现出色,具备良好的跨平台兼容性。通过自适应布局和触摸事件支持,使得图表在不同设备上都有良好的显示效果和用户体验。

(5) 简单易用:ECharts 的 API 设计简洁明了,用户只需通过几行代码即可生成图表。丰富的文档和示例代码,帮助用户快速上手和深入学习。

(6) 交互性:ECharts 支持多种交互操作,如缩放、拖曳、单击事件等。用户可以通过交互操作对图表进行数据筛选、放大缩小等操作,提高数据分析的效率和便捷性。

(7) 生态系统完善:ECharts 拥有庞大的用户社区和丰富的扩展插件,用户可以通过社区获取支持和帮助,或通过插件扩展 ECharts 的功能,进一步提升图表的表现力和功能性。

ECharts 广泛应用于各个行业和领域,常见的应用场景包括如下。

(1) 数据分析与报告:通过 ECharts 生成的图表,用户可以直观地展示和分析数据,发现数据中的趋势和规律,为决策提供有力支持。

(2) 商业展示:在商业展示中,ECharts 可以用来制作精美的报表和演示文稿,提高展示效果和说服力。

(3) 实时监控：ECharts 支持实时数据更新，适用于实时监控系统，通过图表展示实时数据变化，帮助用户及时掌握情况。

(4) 交互式仪表盘：结合 ECharts 的交互功能，可以制作交互式仪表盘，实现数据的动态展示和多维度分析。

总之，ECharts 以其强大的功能、灵活的配置和优异的性能，成为数据可视化领域的利器，广泛应用于各类数据展示和分析场景，帮助用户更好地理解和利用数据。

9.1.2 ECharts 的基本特性

ECharts 作为一个功能强大的数据可视化工具，其基本特性决定了它的广泛应用和高效表现。下面详细介绍 ECharts 的几个核心特性。

(1) 高性能渲染：ECharts 基于 HTML5 的 Canvas 技术，能够在浏览器中高效渲染大量数据。其底层优化算法使得即使在处理海量数据时，图表也能保持流畅的交互和快速的响应。通过 GPU 加速技术，ECharts 进一步提升了渲染性能，确保复杂图表在高负载下仍能平稳运行。

(2) 丰富的图表类型：ECharts 支持多种常见和高级图表类型，包括但不限于：折线图(Line Chart)、柱状图(Bar Chart)、饼图(Pie Chart)、散点图(Scatter Plot)、雷达图(Radar Chart)、热力图(Heatmap)、树图(Tree)、漏斗图(Funnel)、仪表盘(Gauge)、地图(Map)。这些图表类型可以满足各种数据展示需求，用户可以根据具体场景选择合适的图表类型进行数据可视化。

(3) 灵活的配置项：ECharts 提供了高度灵活的配置项，用户可以通过配置项对图表进行详细的定制。例如，用户可以设置图表的颜色、字体、线条样式、标签格式、图例位置等。通过灵活的配置，用户可以创建出符合需求的个性化图表。

(4) 强大的交互功能：ECharts 支持多种交互操作，如缩放、拖曳、单击、悬停等。用户可以通过交互功能与图表进行实时互动，获取更多数据细节。ECharts 还提供了工具箱组件，用户可以在图表中添加数据视图、区域选择、数据导出等功能，进一步增强图表的交互性和实用性。

(5) 数据驱动：ECharts 采用数据驱动的设计理念，图表的生成和更新完全依赖于数据。用户只需准备好数据并配置相应的选项，ECharts 即可根据数据自动生成图表。这种数据驱动的方式使得图表的生成和更新变得非常简便，特别适合处理动态数据和实时更新场景。

(6) 多图表联动：ECharts 支持多个图表之间的联动操作，用户可以在一个页面中创建多个相互关联的图表。例如，当用户在一个图表中选择某个数据点时，其他图表可以同步更新，展示相关数据。通过多图表联动，用户可以实现多维度的数据展示和分析。

(7) 主题定制：ECharts 支持主题定制功能，用户可以根据需求创建和应用不同的主题。通过主题定制，用户可以快速改变图表的整体样式，使其符合特定的视觉设计要求。ECharts 官方提供了多种预定义主题，用户也可以根据需求自定义主题。

(8) 跨平台支持：ECharts 在 PC 端和移动端都能良好运行，具备优秀的跨平台兼容性。无论是在桌面浏览器还是移动设备上，ECharts 都能提供流畅的用户体验。通过自适应布局和触摸事件支持，ECharts 能够在不同设备上展示最佳效果。

(9) 国际化支持：ECharts 支持多语言配置，用户可以根据需求设置图表的语言环境。通过简单的配置，用户可以为图表添加多语言支持，满足国际化应用需求。

通过对 ECharts 基本特性的详细介绍，读者可以深入了解 ECharts 的强大功能和灵活性，为后续的图表实践打下坚实的基础。

9.2 实践目的

通过该实践，掌握使用 ECharts 进行数据可视化的基本技巧，理解 ECharts 的核心功能和配置方法。通过实际操作，学会创建多种类型的图表，并掌握图表数据的动态更新和交互功能的实现。深入理解 ECharts 的自动配置和依赖关系，培养快速迭代开发和解决实际问题的方法论，为高效构建高质量的数据可视化应用打下坚实基础。

9.3 实践范例

在本节实践中，我们将在第 2 章搭建的后端服务基础上，针对用户表(user)的数据，使用 ECharts 进行数据可视化。首先通过 Spring Boot 和 MyBatis-Plus 从数据库中获取所需的用户数据，并在前端 Vue 项目中集成 ECharts 来展示用户的性别分布和出生日期分布图表。通过本节的实践，将学习如何结合后端数据和前端图表，实现数据的动态展示和更新，帮助读者深入理解数据的可视化方法。下面是详细的实践步骤。

9.3.1 环境准备

1. 创建 Vue 项目

首先，需要准备一个 Vue.js 项目。如果尚未创建项目，可以使用 Vite 工具快速创建一个新的 Vue 项目。在 IDEA 中新建或打开一个项目，在终端命令行 terminal 中输入如下命令：

```
pnpm create vite echarts-demo --template vue
```

(1) pnpm create：使用 pnpm 包管理器的 create 命令创建一个新项目。

(2) vite：指定项目使用 Vite 构建工具。

(3) echarts-demo：指定项目名称，名称可自定义。

(4) --template vue：指定项目使用 Vue.js 模板。这意味着 Vite 将使用 Vue.js 的相关配置和依赖项来构建项目。

在 IDEA 内置命令行 terminal 中输入上述创建 Vue 项目命令，命令执行后将在当前目录下(D:\TestDemo)生成一个名为 echarts-demo 的新项目，如图 9-1 所示。

接着根据屏幕提示依次执行如下命令：

```
cd echarts-demo
pnpm install
```

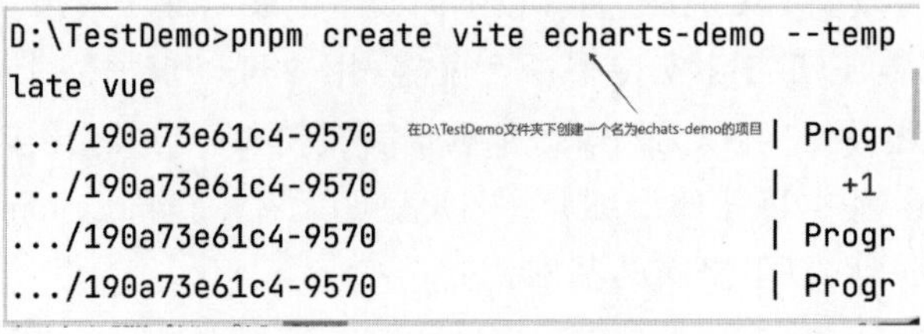

```
D:\TestDemo>pnpm create vite echarts-demo --temp
late vue
.../190a73e61c4-9570    在D:\TestDemo文件夹下创建一个名为echats-demo的项目 | Progr
.../190a73e61c4-9570                                    |   +1
.../190a73e61c4-9570                                    | Progr
.../190a73e61c4-9570                                    | Progr
```

图 9-1　在 IDEA 中创建 Vue 项目

```
pnpm run dev          //此命令运行 Vue 项目,可稍后执行
```

2. 安装 Vue 路由

进入 Vue 项目所在目录(D:\TestDemo\echarts-demo),使用包管理器在当前项目安装 Vue 3 路由,命令如下:

```
pnpm i vue-router@latest
```

3. 安装 Axios

进入 Vue 项目所在目录(D:\TestDemo\echarts-demo),使用包管理器在当前项目下安装 Axios,命令如下:

```
#选择 pnpm 包管理器进行安装
pnpm install axios
```

4. 安装 ECharts

进入 Vue 项目所在目录(D:\TestDemo\echarts-demo),使用包管理器在当前项目下执行 ECharts 包的安装,命令如下:

```
#选择 pnpm 包管理器进行安装
pnpm i echarts            //或者使用 npm 包管理器安装
```

5. 安装 Element Plus

进入 Vue 项目所在目录(D:\TestDemo\echarts-demo),使用包管理器在当前项目下执行 Element Plus 包的安装,命令如下:

```
#选择 pnpm 包管理器进行安装
pnpm install element-plus
```

修改新建 Vue 项目的 main.js,引入 Element Plus 支持,main.js 文件位于项目的 src 目录,是应用程序的入口文件。其作用是创建和配置 Vue 应用程序实例,并在指定的 HTML 元素中挂载应用程序。核心代码如下:

```
//引入 Vue 库的 createApp 函数,用于创建 Vue 应用程序实例
import { createApp } from 'vue'
//引入 Element Plus 库,用于创建 UI
import ElementPlus from 'element-plus'
```

```
import 'element-plus/dist/index.css'      //引入 Element Plus 库的 CSS 样式表
import App from './App.vue'               //引入应用程序的根组件
const app = createApp(App)                //创建 Vue 应用程序实例
app.use(ElementPlus)                      //在 Vue 实例中使用 Element Plus 库
app.mount('#app') //将 Vue.实例挂载到页面 id 为 app 的元素上,从而显示应用程序的内容
```

9.3.2 ECharts 基础概念

1. 设置图表容器及大小

ECharts 的图表需要一个 HTML 元素作为容器。在 Vue 组件中创建了一个 div 元素用来放置将要绘制的图表,代码如下:

```
<template>
  <div>
    <div ref="chart" style="width: 600px; height: 400px;"></div>
  </div>
</template>
```

上述代码中,通过 style 属性设置容器的宽度和高度,确保图表有足够的空间进行绘制。

2. option 介绍

在 ECharts 中,option 是一个用于配置图表的对象,它包含了所有关于图表的配置项。通过设置 option 对象中的属性,用户可以定义图表的类型、数据、样式、交互行为等。option 是 ECharts 图表配置的核心,它决定了图表的最终呈现效果。

option 对象通常包含以下几个主要部分:

(1) title:图表标题。

(2) tooltip:提示框组件。

(3) legend:图例组件。

(4) xAxis:直角坐标系的 x 轴。

(5) yAxis:直角坐标系的 y 轴。

(6) grid:直角坐标系的网格。

(7) series:图表的数据系列。

(8) dataZoom:数据区域缩放组件。

(9) visualMap:视觉映射组件。

(10) toolbox:工具栏组件。

通过设置这些属性,可以灵活地配置和定制图表的外观与功能。下面将进一步展示如何使用 option 对象来配置图表。

3. 坐标轴

坐标轴用于定义图表的数据范围和刻度。其中 xAxis 定义了横轴的数据类别,yAxis

定义了纵轴的数值范围。

(1) xAxis(直角坐标系 x 轴)。

xAxis 是直角坐标系中的 x 轴，用于定义横轴上的数据范围和刻度。通常用于展示分类数据或数值数据。可以通过配置 xAxis 来设置其类型、数据、样式等。示例代码如下：

```
xAxis: {
  type: 'category',         //类目轴
  data: ['衬衫', '羊毛衫', '雪纺衫', '裤子', '高跟鞋', '袜子'],
  axisLabel: {
    fontSize: 12,
    color: '#333'
  }
}
```

(2) yAxis(直角坐标系 y 轴)。

yAxis 是直角坐标系中的 y 轴，用于定义纵轴上的数据范围和刻度。通常用于展示数值数据。可以通过配置 yAxis 来设置其类型、数据、样式等。示例代码如下：

```
yAxis: {
  type: 'value',            //数值轴
  axisLabel: {
    fontSize: 12,
    color: '#333'
  }
}
```

4. 数据集

ECharts 通过配置项中的 series 字段来定义图表的数据集。series 是 ECharts 中最重要的组件之一，用于定义图表的数据和类型。每个 series 都表示一组数据及其图表类型，可以配置多种不同的图表类型，如折线图、柱状图、饼图、散点图等。

(1) series.type(系列类型)。

在 ECharts 中，series.type 用于指定图表的类型。常见的系列类型包括如下。

① line：折线图。

② bar：柱状图。

③ pie：饼图。

④ scatter：散点图。

⑤ graph：关系图。

⑥ tree：树图。

(2) series.data(系列数据)。

在 ECharts 中，series.data 属性用于指定图表的数据内容，不同类型的图表对于 data 属性的格式要求可能有所不同，常见的类型有数组、对象数组等，示例代码如下：

```
series: [{
  name: '销量',
  type: 'bar',
  data: [5, 20, 36, 10, 10, 20]
}]
```

上述代码中,在 series 字段中定义了一组商品及其销量数据,并且指定图表类型为柱状图。

5. 图例

图例用于展示图表中的系列或类别。可以通过在配置项中添加 legend 字段来启用和自定义图例。

```
legend: {
      data: ['销量']  //图例,表示系列的名称
    },
```

9.3.3 创建基本图表

在本节中,将学习如何将 ECharts 与 Vue.js 项目进行集成。通过在 Vue 组件中引入 ECharts 库、初始化图表等,帮助读者掌握在 Vue 项目中使用 ECharts 的方法,为后续的动态图表创建和数据可视化打下基础。

1. 在 src/components 目录下创建一个名为 EChartsComp01.vue 的文件

在该组件中集成 ECharts,并创建一个简单的柱状图,完整代码如下:

```
<template>
  <!-- 图表容器 -->
  <div id="main" style="width: 600px;height:400px;"></div>
</template>
<script setup>
import { onMounted } from 'vue';
import * as echarts from 'echarts';  //导入 ECharts 库的所有模块
const renderChart=()=>{              //将官网实例的 js 代码转换成一个函数
  //初始化 echarts 实例,并指定图表容器
  var myChart = echarts.init(document.getElementById('main'));
  var option = {                     //图表的配置项和数据
    title: {
      text: 'ECharts 入门示例'        //设置图表标题
    },
    tooltip: {},                     //提示框组件
    legend: {
      data: ['销量']                  //图例,表示系列的名称
    },
    xAxis: {
      data: ['衬衫', '羊毛衫', '雪纺衫', '裤子', '高跟鞋', '袜子']   //x 轴数据
```

```
    },
    yAxis: {},                          //y 轴
    series: [
      {
        name: '销量',                    //系列名称
        type: 'bar',                    //系列类型为柱状图
        data: [5, 20, 36, 10, 10, 20]   //数据
      }
    ]
  };
  //使用刚指定的配置项和数据显示图表
  myChart.setOption(option);
}
onMounted(()=>{                         //在组件挂载后执行回调函数,显示 ECharts 图表
  renderChart()
})
</script>
```

上述代码中,在 Vue 组件的模板部分创建了一个 div 元素作为图表的容器,并通过 style 属性设置了宽度和高度。在脚本部分,通过 echarts.init()方法初始化 ECharts 实例,同时指定图表的容器。并定义了一个 option 对象,其中包含图表的标题、提示框、图例、坐标轴和数据系列的配置。在 series 字段中设置了图表的数据,这里的数据是静态数据,包括图表类型(柱状图)和具体数据值。最后调用 myChart.setOption(option)方法,将配置项应用到图表实例中,完成图表的渲染。

上述代码使用了 onMounted 钩子函数,在该函数中初始化 ECharts 图表,并应用配置项。在 Vue 3 中常常利用代表组件的生命周期的钩子函数来指定组件在不同阶段执行特定代码的逻辑,常用的钩子函数如下。

(1) 创建阶段。

setup():这是 Vue 3 的组合式 API 的入口函数。组件实例初始化时首先调用这个函数,可以在这里进行数据定义、计算属性、方法定义等。setup 函数不返回值时可以不使用。

beforeCreate():在组件实例刚刚创建,数据观测和事件配置之前调用。在组合式 API 中不常用。

created():在组件实例创建完成后立即调用,此时已经完成了数据观测和事件配置,但未挂载到 DOM 上。在组合式 API 中不常用。

(2) 挂载阶段。

beforeMount():在组件挂载之前调用,此时模板已编译,但还未渲染到页面中。在组合式 API 中不常用。

onMounted():在组件挂载到 DOM 上后调用,此时可以进行 DOM 操作。

(3) 更新阶段。

beforeUpdate():在组件数据更新之前调用,发生在虚拟 DOM 重新渲染和打补丁之前。在组合式 API 中不常用。

onUpdated()：在组件数据更新之后调用，发生在虚拟 DOM 重新渲染和打补丁之后。

(4) 销毁阶段。

beforeUnmount()：在组件实例销毁之前调用，可以在此阶段执行清理操作，比如清除定时器、取消事件监听等。

onUnmounted()：在组件实例销毁后调用，组件的数据绑定和事件监听已经全部解除。

通过这些生命周期钩子函数，可以辅助更好地管理组件的创建和更新过程，确保在合适的时间进行 DOM 操作和资源清理。这有助于提升应用的性能和可维护性。

2. 在项目 src 目录下新建 router.js（文件名任意）路由配置文件

相关代码如下：

```
import {createRouter, createWebHashHistory} from 'vue-router'
const routes=[
   {path: '/ECharts01', component: () => import ("./components/EChartsComp01.
vue") },
]
const router = createRouter({
    history: createWebHashHistory(),
    routes
})
export default router;
```

接着修改项目 src 目录下的 main.js 文件，引入应用程序的路由实例，添加代码如下：

```
//引入 Vue 库的 createApp 函数，用于创建 Vue 应用程序实例
import { createApp } from 'vue'
//引入 Element Plus 库，用于创建 UI
import ElementPlus from 'element-plus'
import 'element-plus/dist/index.css'          //引入 Element Plus 库的 CSS 样式表
import App from './App.vue'                   //引入应用程序的根组件
import router from "./router.js";             //引入应用程序的路由实例
const app = createApp(App)                    //创建 Vue 应用程序实例
app.use(ElementPlus)                          //在 Vue 实例中使用 Element Plus 库
app.use(router)                               //在 Vue 实例中使用路由
app.mount('#app') //将 Vue.实例挂载到页面 id 为 app 的元素上，从而显示应用程序的内容
```

修改 App.vue 文件，在 App.vue 文件中开启路由，<router-view>是一个路由视图，用于显示当前路由路径所对应的组件。代码如下。

```
<template>
  <!-- 开启路由 -->
  <router-view/>
</template>
```

3. 配置上述组件路由后，运行 Vue 项目

在项目目录下，运行 pnmp run dev 命令启动项目开发服务器。结合配置的路由路径，在网页端访问：http://127.0.0.1:5173/#/ECharts01，运行结果如图 9-2 所示。

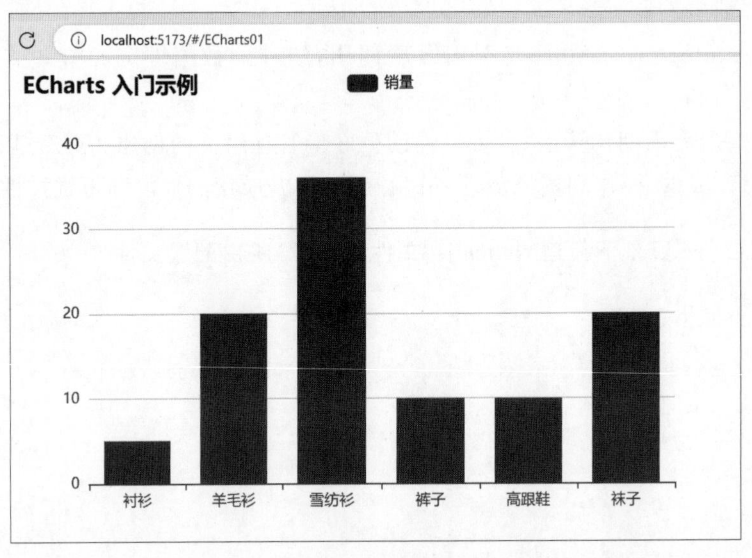

图 9-2　柱状图案例

9.3.4　图表数据动态更新

在本节中，将学习如何使用动态数据来更新图表，特别是在第 2 章后端服务搭建的基础上，对用户表“user”中的性别和出生日期数据进行统计与图表展示。因此需要从后端获取数据，并在前端进行数据处理和可视化展示。以用户表(user)为例，数据字段与数据如图 9-3 所示。

WHERE　　ORDER BY

	id	name	gender	birth
1	1	孙文	男	2004-01-07
2	2	林毅	男	2003-07-23
3	3	杨佳	男	2004-01-21
4	4	林义磊	女	2002-06-18
5	5	王菲楠	女	1999-12-28
6	6	孙钰	女	1999-02-20
7	7	徐义文	女	2004-01-06

图 9-3　user 表的部分数据

统计男女人数的示例数据格式，需要符合 ECharts 数据集要求的对象数组，格式如下：

```
[
  {"性别": "男","人数": 6},
  {"性别": "女","人数": 11}
]
```

统计每个出生年份的男女人数的示例数据格式，需要符合 ECharts 数据集要求的对象数组，格式如下：

```
[
  {"birthyear": 2004, "男": 12, "女": 2},
  {"birthyear": 2004, "男": 20, "女": 4},
]
```

1. 准备工作

在开始之前，请确保已经安装并配置好了 ECharts 和 Axios 库，以便从后端获取数据并进行图表展示。

2. 创建后端接口

(1) 性别统计接口。

步骤 1：打开或新建 UserMapper.java 类，在其中添加可以返回用户表中的性别数据的方法。代码如下：

```
@Mapper
public interface UserMapper extends BaseMapper<User> {
    @Select("SELECT gender as 性别, COUNT(*) as 人数 FROM user GROUP BY gender")
    List<Map<String, Object>> countGender();
}
```

@Select 是 MyBatis 的注解，用于指定一个查询语句。

SELECT gender as 性别，COUNT(*) as 人数：选择两个列，一个是"gender"列并使用别名"性别"，另一个是 COUNT(*)函数的结果(统计记录数)，并使用别名"人数"。这样查询结果的每一行都会包含"性别"和"人数"两个字段。

FROM user：指定要查询的表名为"user"。

GROUP BY gender 将查询结果按照不同的性别值进行分组，并计算每个性别值出现的次数(使用 COUNT(*))。

上述 SQL 查询语句在 IDEA 的查询控制台执行结果如图 9-4 所示。

	性别	人数
1	男	6
2	女	11

图 9-4　性别统计结果查询

此方法返回的数据格式如下：

```
List<Map<String, Object>> countGender();
```

列表(List)：返回的结果是一个列表，其中每个元素都代表一行数据的统计结果。

Map (Map<String,Object>)：列表中的每个元素都是一个 Map 对象，它表示一行数据的键值对。

键(String)：Map 对象中的键是一个字符串，代表统计结果的属性名或列名。

值(Object)：Map 对象中的值是一个对象，代表属性或列的对应值。它可以是任意类型的对象，根据查询结果的数据类型而定。

调用 countGender()方法并将结果返回给前端时，通常会将数据转换为 JSON 格式。每个 Map 对象都会被转换为一个 JSON 对象，其中键值对将成为 JSON 对象的属性和值。整个 List<Map<String, Object>>结构将被转换为一个 JSON 数组，其中每个元素都代表一行数据的 JSON 对象。转换后的 JSON 对象如下：

```
[
  {"性别": "男","人数": 6},
  {"性别": "女","人数": 11}
]
```

步骤 2：新建或打开 UserController.java 文件，在其中新建一个 GET 方法，代码如下：

```
@RestController
@CrossOrigin
public class UserController {
    @Autowired
    UserMapper userMapper;
    //统计男女人数
    @GetMapping("/countgender")
    public List<Map<String,Object>> countgender(){
        return userMapper.countGender();
    }


}
```

通过以上代码，实现了一个 HTTP GET 请求的接口，用于获取用户性别统计结果。当访问路径/countgender 时，将会执行 countGender()方法，该方法通过 userMapper 调用 countGender()方法查询数据库中的用户性别统计数据，并将结果返回为一个 List 列表。使用 Postman 测试结果如图 9-5 所示。

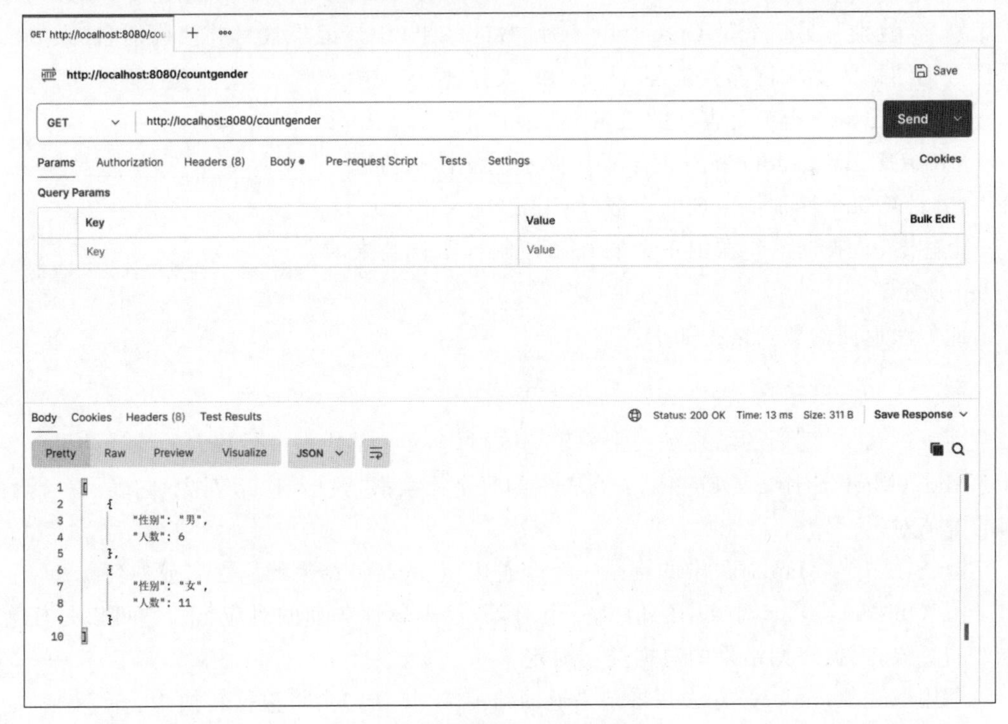

图 9-5　性别统计测试结果图

图 9-5 中通过访问“http://localhost:8080/countgender”，发送一个 HTTP GET 请求。服务器返回了 HTTP 状态码“200 OK”，表明请求处理无误，服务端已成功查询。并展示了以 JSON 格式组织的用户性别统计结果数据。

（2）出生日期统计接口。

步骤 1：打开 UserMapper.java 类，在其中添加可以返回用户表中的出生日期统计数据的方法。代码如下：

```
@Mapper
public interface UserMapper extends BaseMapper<User> {
    @Select("SELECT gender as 性别, COUNT(*) as 人数 FROM user GROUP BY gender")
    List<Map<String, Object>> countGender();

@Select("SELECT YEAR(birth) AS birthyear, " +
            "COUNT(CASE WHEN gender = '男' THEN 1 END) AS 男," +
            "COUNT(CASE WHEN gender = '女' THEN 1 END) AS 女 " +
            "FROM user GROUP BY birthyear ORDER BY birthyear")
    List<LinkedHashMap<String, Object>> countYearGender();}
```

SELECT YEAR(birth) AS birthyear,：选择一个名为 birthyear 的新列，存储每条记录的出生年份（从 birth 字段提取）。这样可以按照出生年份进行分组统计。

COUNT(CASE WHEN gender='男' THEN 1 END) AS 男：使用条件表达式和 COUNT 聚合函数。根据 gender 字段的值进行条件判断，当 gender 为'男'时，返回 1，否则返回 NULL。然后通过 COUNT 函数对返回的非空值进行计数，得到每个年份中男性的人数。类似地，使用另一个条件判断，统计每个年份中女性的人数。

FROM user：指定了查询的数据来源表为名为 user 的表。

GROUP BY birthyear：按照 birthyear 列进行分组，将具有相同出生年份的记录归为一组。

ORDER BY birthyear：按照 birthyear 列的值进行升序排序，以确保结果按照出生年份的顺序排列。

上述 SQL 查询语句在 IDEA 的查询控制台执行结果如图 9-6 所示。

	birthyear	男	女
1	1999	1	3
2	2000	1	1
3	2002	1	2
4	2003	2	2
5	2004	1	3

图 9-6　出生日期统计结果查询

List<LinkedHashMap<String,Object>> countYearGender()：此方法的返回类型与统计男女人数一致，使用 LinkedHashMap 可以保留数据库查询结果的顺序。由于数据库查询的结果集是无序的，使用 LinkedHashMap 可以确保按照查询结果的顺序将数据存储在列表中。这样可以保持查询结果的顺序与数据库返回的顺序一致，便于后续处理和展示。

步骤 2：打开 UserController.java 文件，在其中新建一个 GET 方法，代码如下：

```
@RestController
@CrossOrigin
public class UserController {
```

```
    @Autowired
    UserMapper userMapper;
    //统计男女人数
    @GetMapping("/countgender")
    public List<Map<String,Object>> countgender(){
        return userMapper.countGender();
    }
    //按出生年份统计男女人数
    @GetMapping("/countyeargender")
    public List<LinkedHashMap<String,Object>> countYearGender(){
        return userMapper.countYearGender();
    }
}
```

通过以上代码，实现了一个 HTTP GET 请求的接口，用于获取用户出生日期统计结果。当访问路径/countyeargender 时，将会执行 countYearGender()方法，该方法通过 userMapper 调用 countYearGender()方法分性别查询数据库中的用户出生年份统计数据，并将结果返回为一个 List 列表。使用 Postman 测试结果如图 9-7 所示。

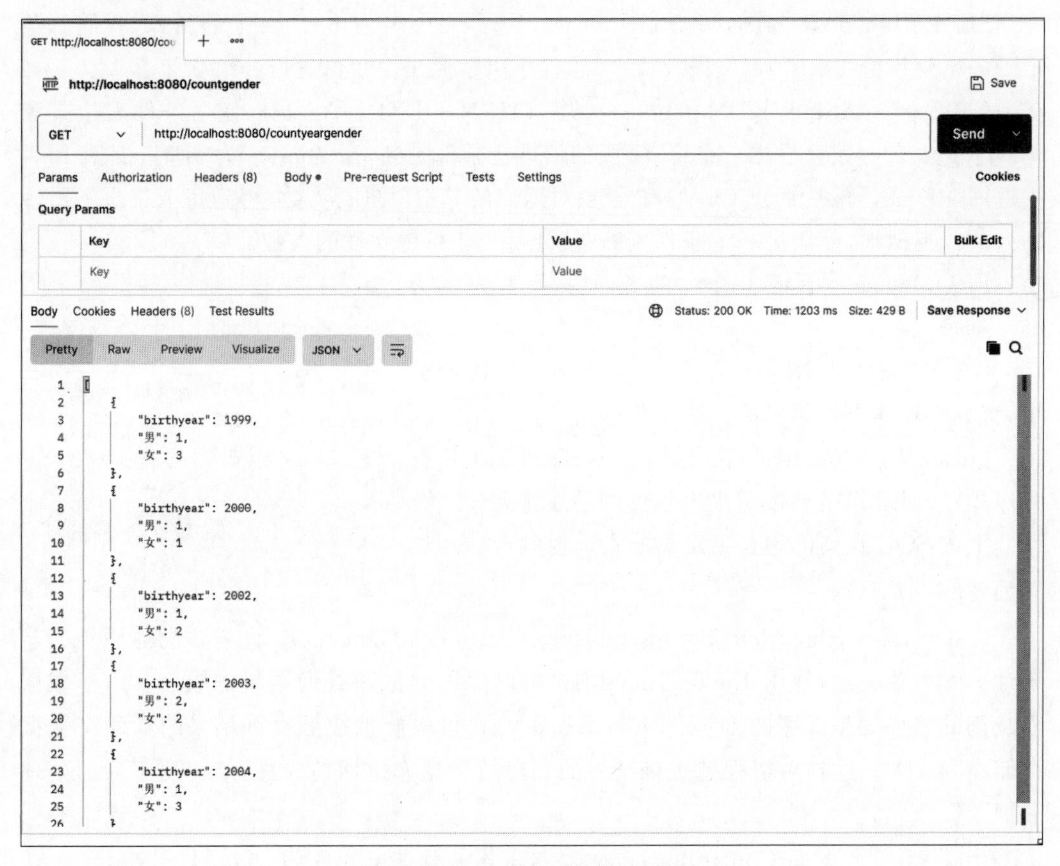

图 9-7　出生日期统计测试结果图

图 9-7 中通过访问“http://localhost:8080/countyeargender”，发送一个 HTTP GET 请求。服务器返回了 HTTP 状态码“200 OK”，表明请求处理无误，服务端已成功查询，

并展示了以JSON格式组织的不同性别用户出生年份统计结果的数据。

3. 前后端交互

接下来,将在前端使用Axios获取后端数据,并使用ECharts进行图表展示。

1) 使用ECharts显示男女人数柱状图

创建一个名为EChartsComp02.vue的组件,代码如下:

```
<template>
  <!-- 图表容器 -->
  <div id="main" style="width: 600px;height:400px;margin: 10px auto;"></div>
</template>
<script setup>
import {onMounted, ref} from 'vue';
import * as echarts from 'echarts';
import axios from "axios";            //导入ECharts库的所有模块
const sourceData = ref([]);           //定义接收后端数据的响应式变量
//在组件挂载后执行回调函数
onMounted(() => {
  axios.get('http://localhost:8080/countgender')
    .then(res=>{
      sourceData.value=res.data     //获取后端传过来的数据
      renderChart()                 //显示图表
    })
})
const renderChart = () => {           //将官网实例的js代码转换成一个函数
  //初始化ECharts实例,并指定图表容器
  var myChart = echarts.init(document.getElementById('main'));
  var option = {
    legend:{},
    tooltip:{},
    dataset: {
      source: sourceData.value       //设置ECharts图表的数据源
},
    xAxis: {type: 'category'},
    yAxis: {},
    series: [{type: 'bar'}]
  };
  myChart.setOption(option);         //使用刚指定的配置项和数据显示图表
}
</script>
```

上述代码中,在template模板部分定义了一个图表容器<div>,通过id和style设置其样式。在脚本部分引入Vue的onMounted和ref组合API、ECharts库以及用于HTTP请求的Axios库。核心内容如下。

(1) 定义一个响应式变量sourceData,用于存储从后端获取的数据。

(2) 在组件挂载后，使用 Axios 发送 GET 请求获取性别统计数据，并将数据赋值给 sourceData，获取数据成功后，调用 renderChart 方法渲染图表。

(3) 初始化 ECharts 实例，设置图表配置项和数据源，并调用 setOption 方法渲染图表。

在项目 src 目录下的 router.js 文件中配置 EChartsComp02.vue 组件对应的路由路径，添加代码如下：

```
import {createRouter, createWebHashHistory} from 'vue-router'
const routes=[
    {path: '/ECharts01', component: () => import("./components/EChartsComp01.
vue") },
    {path: '/ECharts02', component: () => import("./components/EChartsComp02.
vue") },
  ]
const router = createRouter({
   history: createWebHashHistory(),
   routes
})
export default router;
```

配置上述组件路由后，运行 Vue 项目，在项目目录下，运行 pnmp run dev 命令启动项目开发服务器。结合配置的路由路径，在网页端访问：http://127.0.0.1:5173/#/ECharts02，运行结果如图 9-8 所示。

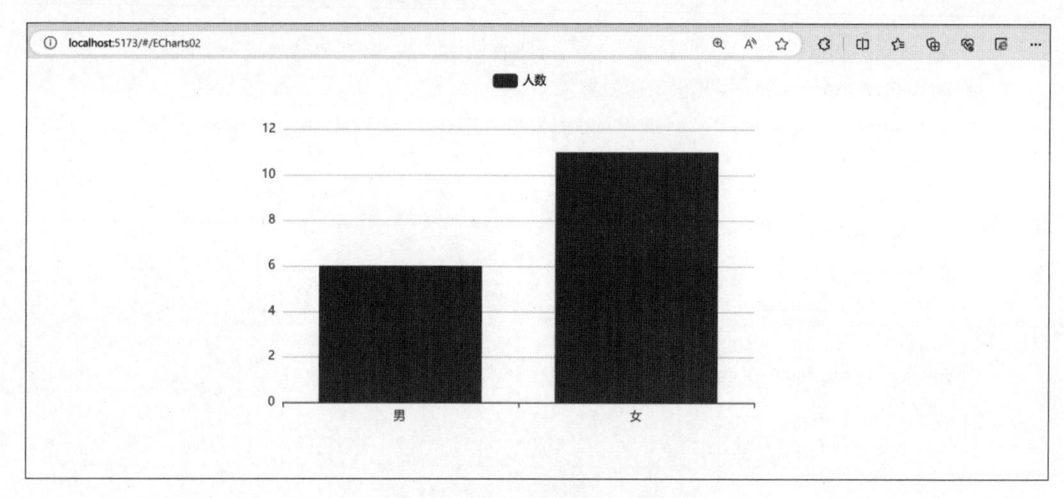

图 9-8　用户性别统计柱状图

2) 使用 Echarts 显示出生年份人数柱状图

创建一个名为 EChartsComp03.vue 的组件，代码如下：

```
<template>
  <!-- 图表容器 -->
  <div id="main" style="width: 600px;height:400px;margin: 10px auto;"></div>
</template>
```

```
<script setup>
import {onMounted, ref} from 'vue';
import * as echarts from 'echarts';
import axios from "axios";                    //导入 ECharts 库的所有模块
const sourceData = ref([]);                   //定义接收后端数据的响应式变量
//在组件挂载后执行回调函数
onMounted(() => {
  axios.get('http://localhost:8080/countyeargender')
      .then(res=>{
        sourceData.value=res.data             //获取后端传过来的数据
        renderChart()                         //显示图表
      })
})
const renderChart = () => {                   //将官网实例的 js 代码转换成一个函数
  //初始化 ECharts 实例,并指定图表容器
  var myChart = echarts.init(document.getElementById('main'));
  var option = {
    legend:{},
    tooltip:{},
    dataset: {
      source: sourceData.value                //设置 ECharts 图表的数据源
    },
    xAxis: {type: 'category'},
    yAxis: {},
    series: [{type: 'bar'},{type: 'bar'}]
  };
  myChart.setOption(option);                  //使用刚指定的配置项和数据显示图表
}
</script>
```

在上述代码中,template 模板中定义了一个图表容器<div>,通过 id 和 style 设置其样式。

在脚本部分,主要实现了如下功能:定义一个响应式变量 sourceData,用于存储从后端获取的数据。在组件挂载后,使用 Axios 发送 GET 请求获取出生日期统计数据,并将数据赋值给 sourceData。获取数据成功后,调用 renderChart 方法渲染图表。并初始化 ECharts 实例,设置图表配置项和数据源,并调用 setOption 方法渲染图表。

在项目 src 目录下的 router.js 文件中配置 EChartsComp03.vue 组件对应的路由路径,添加代码如下:

```
import {createRouter, createWebHashHistory} from 'vue-router'
const routes=[
    {path: '/ECharts01', component: () => import("./components/EChartsComp01.vue") },
    {path: '/ECharts02', component: () => import("./components/EChartsComp02.vue") },
```

```
    {path: '/ECharts03', component: () => import("./components/EChartsComp03.
vue") },
]
const router = createRouter({
    history: createWebHashHistory(),
    routes
})
export default router;
```

配置上述组件路由后，运行 Vue 项目，在项目目录下，运行 pnmp run dev 命令启动项目开发服务器。结合配置的路由路径，在网页端访问：http://127.0.0.1:5173/#/ECharts03，运行结果如图 9-9 所示。

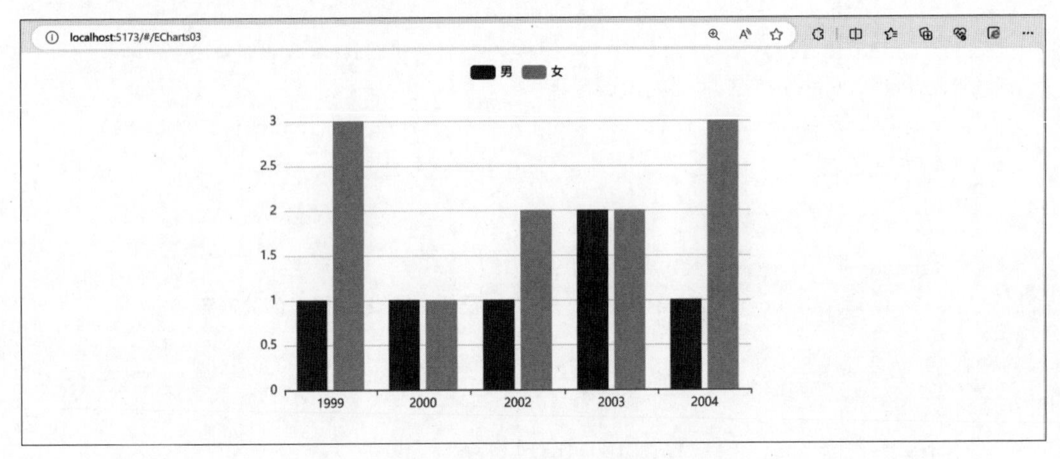

图 9-9　出生日期统计柱状图

9.3.5　实现图表的动态选择

在第 8 章中，展示了如何使用动态数据生成图表。在本节中，将进一步扩展功能，通过动态选择发送后端 HTTP 请求和图表类型来更新图表。此功能将提高代码的可扩展性和灵活性，使用户能够根据需求动态生成不同的图表。以下是实现图表动态选择的详细步骤。

首先，需要创建一个 EChartsComp04.vue 组件，包含两个下拉框用于选择 HTTP 请求和图表类型。在组件中使用 Element Plus 组件库来创建这些下拉框，并在脚本中引入必要的库，定义数据和方法来处理用户的选择和图表数据的获取与渲染。

```
<template>
  <div style="display: flex;justify-content: center;">
    <!-- Element Plus 下拉框，向后端发送可选择的 HTTP 请求
         双向绑定数据 selectedRequest
         下拉框值发生变化时触发 handleRequestChange 事件 -->
    <el-select v-model="selectedRequest" @change="handleRequestChange">
      <!-- 下拉框的内容遍历 reqoptions 对象 -->
      <el-option
```

```
            v-for="option in reqoptions"
            :key="option.value"
            :label="option.label"
            :value="option.value"
        />
      </el-select>
      <!-- Element Plus 下拉框,选择 ECharts 的图表类型 -->
      <el-select v-model="selectedType" @change="renderChart">
        <el-option
            v-for="item in typeoptions"
            :key="item.value"
            :label="item.label"
            :value="item.value"
        />
      </el-select>
    </div>
    <!-- 图表容器 -->
    <div id="main" style="width: 600px;height:400px;margin: 10px auto;"></div>
</template>
<script setup>
import {computed, onMounted, ref} from 'vue';
import * as echarts from 'echarts';
import axios from "axios";                          //导入 ECharts 库的所有模块
//定义向后端发送 HTTP 请求的默认值
const selectedRequest = ref('http://localhost:8080/countyeargender');
//定义下拉选项
const reqoptions = [
  { value: 'http://localhost:8080/countyeargender', label: '统计出生年份男女人数' },
  { value: 'http://localhost:8080/countgender', label: '统计男女人数' },
];
//发送后端 HTTP 请求下拉框值变化
const handleRequestChange = () => {
  axios.get(selectedRequest.value)
      .then((response) => {
        sourceData.value = response.data;    //将响应数据赋值给 sourceData 变量
        renderChart();                       //调用 renderChart 函数重新渲染图表
      })
};
//定义 ECharts 的默认图表类型为柱状图
const selectedType = ref('bar');
//定义下拉选项
const typeoptions = [
  {value: 'line', label: '折线图'},
  {value: 'bar', label: '柱状图'},
```

```
];
//生成对应数量的 ECharts 的 series 配置项数组
const series = computed(() => {
  const firstObject = sourceData.value[0];  //获取响应数据的第一个对象
  const propertyCount = Object.keys(firstObject).length;  //获取对象的属性个数
  const result = [];
  for (let i = 0; i < propertyCount - 1; i++) {
    //根据选中的图表类型,生成对应的 series 配置项,并添加到结果数组中
    result.push({type: selectedType.value});
  }
  return result;                            //返回生成的 series 数组
});
const sourceData = ref([]);                 //定义接收后端数据的响应式变量
let myChart = null;                         //ECharts 实例对象
//在组件挂载后获取后端数据,初始化 ECharts 图表实例
onMounted(handleRequestChange)
//渲染 ECharts 图表
const renderChart = () => {
  //销毁已存在的实例
  if (myChart) {
    myChart.dispose();
  }
  //初始化 ECharts 实例,并指定图表容器
  myChart = echarts.init(document.getElementById('main'));
  //指定图表的配置项和数据
  var option = {
    legend: {},
    tooltip: {},
    dataset: {
      source: sourceData.value              //设置 ECharts 图表的数据源
    },
    xAxis: {type: 'category'},
    yAxis: {},
    series: series.value                    //设置图表系列
  };
  myChart.setOption(option);                //使用刚指定的配置项和数据显示图表
}
</script>
```

通过上述代码,通过 handleRequestChange 方法,根据选择的请求地址获取数据。在 renderChart 方法中处理数据,并生成相应的 ECharts 配置项。根据选择的图表类型和获取的数据,动态渲染图表。主要实现了以下功能。

(1) 动态选择 HTTP 请求:通过下拉框选择不同的请求地址,发送请求并获取数据。

(2) 动态选择图表类型:通过下拉框选择不同的图表类型,如折线图和柱状图。

(3) 数据处理与渲染：使用 Axios 获取数据，处理后使用 ECharts 渲染图表。

综上所述，成功实现了图表的动态选择和数据更新功能，进一步提升了图表的可扩展性和灵活性。在实际应用中，这种动态选择功能可以大幅提高数据展示的交互性和用户体验。

接下来，在项目 src 目录下的 router.js 文件中配置 EChartsComp04.vue 组件对应的路由路径，添加代码如下：

```
import {createRouter, createWebHashHistory} from 'vue-router'
const routes=[
    {path: '/ECharts01', component: () => import ("./components/EChartsComp01.vue") },
    {path: '/ECharts02', component: () => import ("./components/EChartsComp02.vue") },
    {path: '/ECharts03', component: () => import ("./components/EChartsComp03.vue") },
    {path: '/ECharts04', component: () => import ("./components/EChartsComp04.vue") },
]
const router = createRouter({
   history: createWebHashHistory(),
   routes
})
export default router;
```

在配置上述组件路由后，运行 Vue 项目，在项目目录下，运行 pnmp run dev 命令启动项目开发服务器。结合配置的路由路径，在网页端访问：http://127.0.0.1:5173/#/ECharts04，运行结果如图 9-10 和图 9-11 所示。

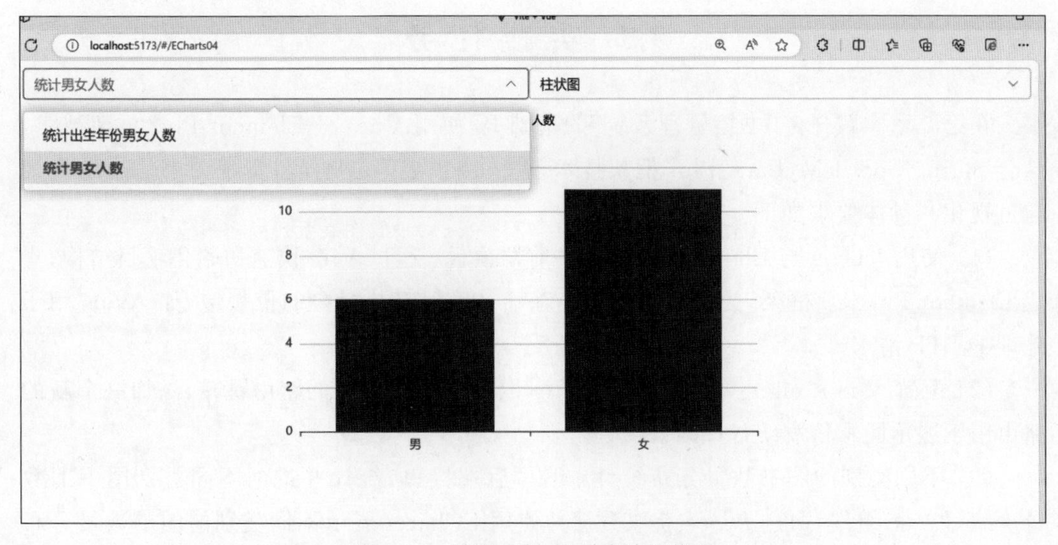

图 9-10　动态选择-性别统计柱状图

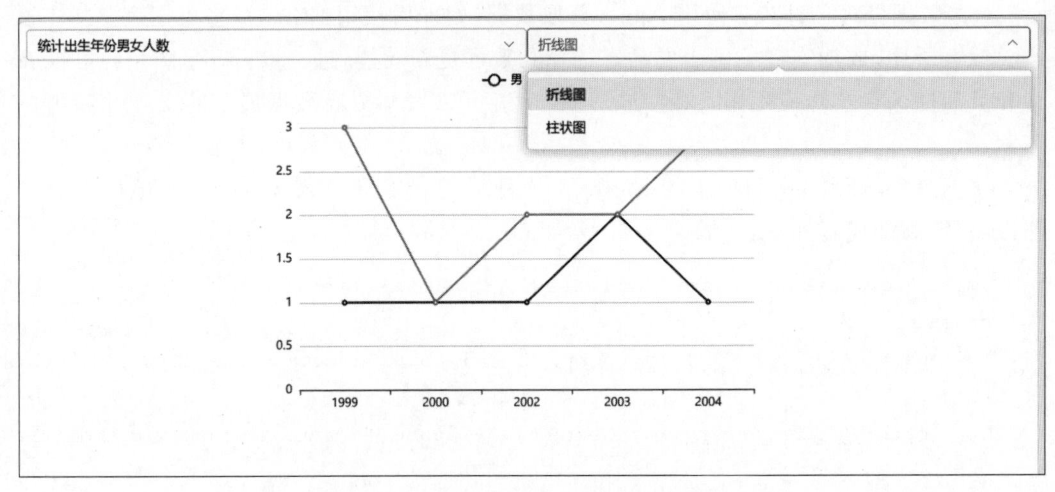

图 9-11　动态选择-出生日期统计折线图

从图 9-10 和图 9-11 中可以看出，用户可以在前端界面中动态选择不同的统计数据和图表类型，从而实现动态更新和展示图表数据。

9.4　注意事项

（1）确保 Axios 请求的数据格式与 ECharts 的数据源要求一致。在获取数据后，进行必要的数据处理和转换，避免数据格式不一致导致的图表渲染错误。

（2）在配置 ECharts 图表时，应合理设置图表类型、数据集、坐标轴等参数，避免不必要的性能消耗。对于大数据量的图表展示，应考虑分页加载或数据简化处理，以提升图表渲染性能。

9.5　实践任务

在第 2 章实践任务“书籍管理系统”的基础上，使用 Vue 3＋Element Plus 框架技术，结合 Spring Boot＋MyBatis-Plus 框架技术，进一步扩展系统功能，实现图书信息的统计与可视化。具体要求如下。

（1）使用 Vue.js 与 Element Plus 搭建前端项目：通过 Vite 快速初始化项目结构，集成 Element Plus UI 框架，为前端应用奠定基础。确保安装必要的依赖包，如 Axios 用于处理 HTTP 请求。

（2）配置 Vue Router：配置 Vue Router 以实现前端页面的路由跳转，添加一个新的路由用于展示图书信息统计图表。

（3）不同类别的图书数量分布统计：编写后端接口，统计并返回不同类别图书的数量。编写 Vue 组件，通过 Axios 获取数据并使用 ECharts 展示不同类别的图书数量分布柱状图。

（4）各年份出版的图书数量统计：编写后端接口，统计并返回各年份出版的图书数量。编写 Vue 组件，通过 Axios 获取数据并使用 ECharts 展示各年份出版的图书数量折线图。

(5) 各出版社出版的图书数量统计：编写后端接口，统计并返回各出版社出版的图书数量。编写 Vue 组件，通过 Axios 获取数据并使用 ECharts 展示各出版社出版的图书数量柱状图。

(6) 启动和测试 Vue 项目：在 IntelliJ IDEA 中运行 Vue 项目。

参考文献

［1］ 周红亮. Spring Boot 3 核心技术与最佳实践网络技术[M]. 北京：电子工业出版社，2023.

［2］ 叶刚，王立河，王英明，等. 基于 MyBatis-Plus 的动态生成代码设计与实现[J]. 电脑编程技巧与维护，2019(7)：2.DOI：10.3969/j.issn.1006-4052.2019.07.002.

［3］ 徐飞，李恒.HTML5+CSS3 从入门到精通[M]. 北京：北京希望电子出版社，2017.

［4］ 蔡伯峰. 网页设计与制作：HTML5+CSS3[M]. 北京：机械工业出版社，2018.

［5］ Zakas N C. JavaScript 高级程序设计[M].李松峰，曹力，译. 2 版. 北京：人民邮电出版社，2010.

［6］ 吕英华. 渐进式 JavaScript 框架 Vue.js 的全家桶应用[J]. 电子技术与软件工程，2019(22)：2.

［7］ 张益珲. 循序渐进 Vue.js 3 前端开发实战[M]. 北京：清华大学出版社，2022.